孝經正義

［漢］鄭玄 注
陳壁生 疏

華東師範大學出版社·上海

VI HORAE

華東師範大學出版社六點分社　策劃

目録

序言

孔子云：「吾志在春秋，行在孝經。」何邵公曰：「此二學者，聖人之極致，治世之要務也。」孝經古注，莫重於鄭君。然鄭注盛於漢唐之間，沒於宋明之世。有清以來，嚴鐵橋蒐集鄭注殘佚，皮鹿門為之疏通證明，常熟潘毅遠、吳縣曹叔彦，皆有新疏，孝經鄭學，晦而略明。然自流沙墜簡，百載紛出，鄭注殘片，再現人間。以新出鄭注觀清、民舊疏，皮氏所得鄭注，十僅五六，然據片言得窺全旨，析殘簡以明典章，此皮氏之長。其間雖偶有失察，然發明實多。潘氏雜而寡要，偶有所得，鮮關宏旨。曹氏不信東來治要所録，惟據邢疏所存鄭注之二三，抒發孤臣撥亂之指意。三疏各有得失，而發明鄭義，皮疏為勝。治經貴漢注，以漢人去聖未遠，學有所承，傳有法則也。漢人古注，得其一字，可以發覆千載。故新注既出，必有所述，此孝經正義之所由作也。

本書所述，略有數端。一曰考校經文。今文孝經以唐明皇御注之本最古，且勒在石臺，至今可睹。然明皇注經，既採摭眾注，復任意改經，而敦煌新出今文孝經古寫本若干，可資考訂明皇改本之誤，以還鄭本之真。二曰重考鄭注。皮疏所據鄭注，不出邢疏、治要，而敦煌新出鄭注，幾近全帙，前賢考訂甚夥。今於鄭注詳加參校，或據古疏而推鄭義，或據殘字而補其全，或勘諸本而求其是，務求鄭注之詳備。三曰重為疏證。有清以來，經疏之法人各不同，然其要皆在解經、解注。本書之解經則略通文意，兼採鄭君以前之舊誼，解注則分文析句，詳釋鄭君注解之微旨。所採最多者，要在皮疏，於皮氏之善者摭之採之，皮氏之疏者補之正之。

先儒注經之法，與今人作文之法道轍分途。今依沖遠作疏之例，傚寶應劉氏、瑞安孫氏、句容陳氏解經之法，疏通經注，略資辯難，不用一己之師心，務守先儒之舊聞。舊疏之法，本無關宏旨，亦不周世務，惟抱守先待後之志，從事蜩、鳩之學而已，此逸民野老，作世間餘事者也。此書之作，自乙未年十月至丁酉年七月，歷時二載，初稿撰成，有宮志翀、常達、郜喆、劉禹彤、黃永其、酈其立、高雋、易宏熙諸君校勘文字，改正甚多，又蒙倪為國、彭文曼二先生襄助付梓，特致謝忱。

陳壁生

開宗明義章第一

【疏】邢昺孝經注疏云：「開，張也。宗，本也。明，顯也。義，理也。言此章開張一經之宗本，顯明五孝之義理，故曰『開宗明義章』也。第，次也。一，數之始也。以此章總標，諸章以次結之，故爲第一，冠諸章之首焉。案孝經遭秦坑焚之後，爲河間顔芝所藏，初除挾書之律，芝子貞始出之。長孫氏及江翁、后倉、翼奉、張禹等所説皆十八章。及魯恭王壞孔子宅，得古文二十二章，孔安國作傳。劉向校經籍，比量二本，除其煩惑，以十八章爲定，而不列名。又有荀昶集其録及諸家疏，並無章名，而援神契自天子至庶人五章，唯皇侃標其目而冠於章首。今鄭注見章名，豈先有改除，近人追遠而爲之也？」案：孝經分章，古無異説，漢書匡衡傳載匡衡上書云：「大雅曰：『無念爾祖，聿修厥德。』孔子著之孝經首章，蓋至德之本也。」亦其分章之明證。而其章名則有異説，鄭注有章名，嚴可均曰：「按釋文用鄭注，本有章名。群書治要無章名。據天子章注云：『書録王事，故證天子之章』，是鄭注見章名也。」皮錫瑞云：「本章鄭注云：『方始發章，以正爲始。』尤足爲鄭注見章名之證。」今所見敦煌新出唐寫本孝經鄭注，皆有章名，尤可信據也。邢疏云：「皇侃以開宗及紀孝行、喪親等三章通於貴賤。

今案諫爭章大夫以上皆有爭臣，而士有爭友，父有爭子，亦該貴賤。則通於貴賤者有四焉。」案：皇氏所言通於貴賤者，謂泛言其理，自天子達於庶民，皆能起而行之，其理不論貴賤也。諫爭章分天子爭臣，至士有爭友，人各不同，非皇氏所謂通於貴賤也。

仲尼居，仲尼，孔子字。（群書治要）居，居講堂也。（經典釋文）**曾子侍。**曾子，孔子弟子也。（治要）

【疏】「仲尼」至「子侍」「仲尼」者，經首發端，孔子稱字，曾參稱子，解説紛紛，以爲有深意存焉。劉炫孝經述議引劉向别録之言曰：「上稱『仲尼』以冠篇，蓋著孝者聖人之法。孔子爲曾參陳孝道，爲萬世法。」謝萬云：「所以稱『仲尼』，欲令萬物視聽不惑也。」車胤云：「將明一經之義，必稱字以正之，直稱『孔子』，恐後世相亂。蓋以爲孝經乃孔子立法，故經首表字，以異於傳記也。」殷仲文云：「夫子深敬孝道，故稱字以説。」邢疏引劉瓛述張禹之義，「以爲仲者中也，尼者和也，言孔子有中和之德，故曰仲尼。」又引梁武帝之言，「以丘爲聚，以尼爲和」。劉瓛並云：「夫名以名質，字以表德，夫子既有盡孝之德，今方制法萬代，宜用此表德之字，故記字以冠首。而曾子有道之賢，能受命聖葉，實爲可義，故記者書其姓字，明有道宜敬也。」上述數説，非言「仲尼」爲字之意，而皆言此經首書「仲尼」之大義。蓋諸説皆以孝經既爲孔子弟子所記，經首發端，不言「孔子居」，而標舉其字，故推釋其義也。劉炫孝經述議獨以爲，「孝經者，孔子身手所作，筆削所定，不因曾子請問而隨宜答對也。」又云：「因弟子有請問之道，師儒有教誨之義，故假曾子之問，以爲對揚，非曾子實有問也。」然則孔子不言「丘居」而言「仲尼居」者，劉炫云：「此經夫子自作，據己而道他人，故自稱其字而舉人之姓。稱字不稱名，是己之所重，其與人言語，必有所謙卑遜謝，乃可稱之。此乃自敘己事，未是對答前人，不可發端先稱『丘』也。」俞樾古書疑義舉例云：「劉氏此論，最爲通達，然非博覽周、秦古書，通于聖賢著述之體，未有不河漢斯言者矣。」又，唐宋以後，諸儒多據稱呼之文，考其所録之人。若柳宗元論語辨據論語言及有若、曾參皆稱「子」，遂云：「載弟子必以字，獨曾子、有子不然，由是言之，弟子之號之也。」程子因之云：「論語之書成於有子、曾子之門人，故其書獨二子以子稱。」而於孝經，王應麟困學紀聞云：「今首章云『仲尼居』，則非孔子所著矣，當是曾子弟子所爲書。」困學紀聞並録宋人馮椅云：「子思作中庸，追述其祖之語乃稱字，是書當成於子思之手。」此皆鑿之過深，不知古書稱呼，多無深意，且書者未必一人，定本非在一時，故稱呼多雜，若論語之稱冉有也，雍也云「子華使于齊，冉子爲其母請粟」，子路云「冉子退朝」，皆稱「冉子」。然爲政又云「季氏旅于泰山，子謂冉有曰」，述而云「冉有曰：『夫子爲衛君乎？』」此又稱「冉有」。論語稱閔子騫，先進載：「閔子侍側，誾誾如也。子路，行行如也。冉有、子貢，侃侃如也。」閔子騫稱子，子路、冉有、子貢皆稱名。雍也云：「季氏使閔子騫爲費宰。」則稱「閔子騫」。中庸子思所作，引孔子之言二十餘處，言「仲尼」者二，餘皆稱「子曰」。禮運云：「昔者仲尼與於蜡賓，事畢，出遊於觀之上，喟然而歎。仲尼之歎，蓋歎魯也。言偃在側曰：『君子何歎？』孔子曰：『大道之行也，與三代之英，丘未之逮也，而有志焉。』」前言「仲尼」，後言「孔子」。以稱呼求作者，無乃緣木求魚乎。若中庸、禮運皆雜稱「仲尼」、「孔子」，與此經「仲尼居」、「子曰」雜稱相類，劉氏必以爲孔子手書，乃至於假言曾參，求之過深，不可信據也。唐宋諸儒以爲曾子弟子作，子思作，亦立論未穩也。惟唐以前人辨經首書「仲尼」之字，爲之考析，此知經之言也。「居」者，經典釋文本作「尻，尻講堂也」。許慎説文解字几部：「尻，處也，從尸得几而止。孝經曰『仲尼尻』，尻謂閒居如此。」顏氏家訓書證云：「至如『仲尼居』，三字之中，兩字非體，三蒼『尼』旁益『丘』，説文『尸』下施『几』。」是古本經文有作「尻」者。顏氏家訓言「兩字非體」，可證通行版本作「居」而非「尻」。嚴可均孝經鄭注輯本、皮錫瑞孝經鄭注疏皆引釋文而謂經、注皆作「尻」。臧庸孝經鄭氏解輯本、龔向農孝經鄭氏注皆作「居」。臧庸云：「按『尻』當作『居』，此因釋文上云説文作『尻』，因並改正也。以隸書寫篆文自稱正體者，發端於南宋毛居正、岳珂等，而近時學者爲尤甚。然唐石經具存，無此異樣，可以之誣古人乎？」龔向農云：「今考釋文、治要所據鄭本經文皆作『居』，臧説是也。嚴氏並改經文作『尻』，非是。今訂正經、注，並作『居』。」新出唐寫本亦皆作「居」，可從。

「曾子侍」者，劉炫述古文孝經孔傳之意云：「孔子不爲餘人説孝也，唯有曾參上不逮於顏、閔，下差賢於餘人，躬行匹夫之孝，未達五孝之義，因侍坐諮問，而夫子告之。於是曾子喟然而嘆，集而録之，名之曰孝經。蓋謂曾子録之，還曾子名之也。」案孔傳非也，孝經之所以屬曾參者，以其能通孝道，非在躬行匹夫之孝也。孔門弟子，曾參偏有孝名，故若論語、二戴記所録曾子諸語，關係孝者多，故孔子特以孝經屬之。孝經鉤命決云：「孔子曰：『春秋屬商，孝經屬參。』」劉向別録云：「孝經之名，曾子所記，蓋闕孔子然後成之。」班固漢書藝文志亦云：「孝經者，孔子爲曾子陳孝道也。」皆可以相發。

注云「仲尼，孔子字」者，以類命爲象也。左傳桓公六年申繻言名之法，「其三曰以類命爲象。」杜預注云：「若孔子首象尼丘」，蓋以孔子生而圩頂，象尼丘山，故名丘，字仲尼。史記孔子世家：「孔子生魯昌平鄉陬邑。其先宋人也，曰孔防叔。防叔生伯夏，伯夏生叔梁紇。紇與顔氏女野合而生孔子，禱於尼丘得孔子。魯襄公二十二年而孔子生。生而首上圩頂，故因名曰丘云。字仲尼，姓孔氏。」白虎通聖人論聖人異表，亦云：「孔子反宇，是謂尼甫。」演孔圖云，孔子「首類尼丘山，故以爲名。」此仲尼爲孔子字之義也。

注云「居，居講堂也」者，皮疏云：「御覽百七十六居處部四引郡國志曰：『王屋縣有孔子學堂，西南七里有石室，臨大河，水勢湍急，五里之間寂無水聲，如似聽義。』又曰：『齊桓公宮城西門外有講堂，齊宣王立此學也，故稱爲稷下。春秋莒子如齊，盟于稷門，此也。』又引齊地記曰：『臨淄城西門外有古講堂，基柱猶存，齊宣王修文學處也。』又引益州記曰：『文翁學堂在城南。』華陽國志曰：『文翁立講堂作石室，一曰玉堂，在城南。』錫瑞案：據郡國志、齊地記，則古有講堂之名。據益州記、華陽國志，則講堂即學堂。是孔子講堂，亦即孔子學堂。而此所凥講堂，又非王屋臨河之講堂，蓋即曲阜之孔子宅，後世稱爲夫子廟堂者，即當日之講堂矣。」皮説甚當。後漢書明帝紀云：「幸孔子宅，祠仲尼及七十二弟子，親御講堂。」即其地也。案：古文孝經云「仲尼閑居」，今文作「仲尼居」，故鄭注不以「閒居」解此經也。禮記有孔子閒居之篇，鄭玄禮記目録云：「退燕避人曰閒居。」又有仲尼燕居之篇，鄭玄目録云：「退朝而處曰燕居。」而此直云「仲尼居」，必有別於閒居、燕居，故鄭知其居講堂也。且孔門弟子三千，身通六藝者七十二，夫子講演此經，總會六藝之道，非獨與參言，而必在居講堂，廣延生徒之時，而以曾參有孝名，故囑之爲記也。

注云「曾子，孔子弟子也」者，史記仲尼弟子列傳云：「曾參，南武城人，字子輿。少孔子四十六岁。孔子以为能通孝道，故授之業，作孝經。死於魯。」是知曾參爲孔子弟子也。然觀史記此言，似以孝經爲曾子所作，知其必不然者，史記梁孝王世家言成王封弟之後有云：「孝經曰：『非法不言，非道不行。』」此聖人之法言也。」此「聖人」指孔子也。又司馬遷學出董仲舒，董仲舒對策有云：「孔子曰：『天地之性人爲貴。』」引文見孝經聖治章，足見董子以孝經出於孔子之手，且春秋繁露多引孝經而解之，董氏以其爲孔子之言也。是故太史公此語，言孔子以曾參能通孝道，故作孝經以授之。「侍」，鄭注不存，邢疏云：「卑者在尊側曰侍，故經謂之侍。凡侍有坐有立，此曾子侍即侍坐也。」以下文有「復坐，吾語汝」，知此爲侍坐也。依鄭之意，疑亦解爲侍坐也。

子曰：「先王有至德要道，子者，孔子。〔治要〕禹，三王最先者。〔釋文〕至德，孝悌也。要道，禮樂也。〔釋文〕**以順天下，民用和睦，上下無怨，**以，用也。睦，親也。至德以教之，要道以化之，是以民用和睦，上下無怨也。要治汝知之乎？」

【疏】「子曰」至「之乎」「子」者，白虎通號篇云：「子者，丈夫之通稱也。」論語學而「子曰」，馬融云：「子者，男子之通稱，謂孔子也。」皇侃論語義疏云：「子是有德之稱，古者稱師爲子也。」「曰」者，劉炫述議引鄭玄論語注云：「『曰』者，設語之辭。」皇侃論語義疏引許慎説文云：「開口吐舌，謂之爲曰。」邢昺論語注疏云：「書傳直言『子曰』者，皆指孔子，以其聖德著聞，師範來世，不須言其氏，人盡知之故也。」「王」者，荀子正論篇云：「天下歸之謂之王。」春秋穀梁傳云：「其曰王者，民之所歸往也。」白虎通號云：「王者，往也，天下所歸往。」韓詩外傳云：「王者，往也，天下往之謂之王。」風俗通引尚書大傳云：「王者，往也，爲天下所歸往。」董仲舒春秋繁露王道通三曰：「古之造文者，三畫而連其中，謂之王。三畫者，天地與人也，而連其中者，通其道也，取天地人之中，以爲貫而參通之，非王者庸能當是。」御覽引春秋文耀鉤云：「王者往也，神所向往，人所樂歸。」考耀文云：「王者往也，神所輸向，人所樂歸。」孔子之前，古之有王位者，必有聖德，有聖德者，必有王位，王即聖，聖即王。曹元弼孝經學云：「天降下民，作之君，作之師。孔子論孝道，必稱先王，即春秋發首書王之義。」案：一經之起，首書「先王」者，正始也。春秋、孝經，皆夫子制作，志行所在，春秋起書五始，立聖王之法。孝經以至德要道系於託始之王，明六藝之大原。孔子追先王之法，即孔子制作之法也。王者所立，天下之大本，即在此德之至，道之要也。陸賈新語慎微篇云：「孔子曰：『有至德要道，以順天下。』言德行而其下順之矣。」注云「子者，孔子」者，以上稱「仲尼」，此云「子曰」，故特注此「子」爲孔子也。

注云「禹，三王最先者」者，鄭氏釋「先王」爲「王者之先」，非「先代之王」，先代之王，古天子之通稱，王者之先，三王之最先者也。皮疏云：「鄭注云『禹，三王最先者』，據周制而言也。繁露三代改制質文篇曰：『王者之後必正號，絀王謂之帝，封其後以小國，使奉祀之。下存二王之後以大國，使服其服，行其禮樂，稱客而朝。故同時稱帝者五，稱王者三，所以昭五端，通三統也。是故周人之王，尚推神農爲九皇，而改號軒轅，謂之黄帝，因存帝顓頊、帝嚳、帝堯之帝號，絀虞，而號舜曰帝舜，録五帝以小國。下存禹之後於杞，存湯之後於宋，以方百里，爵號公，皆使服其服，行其禮樂，稱先王客而朝。』據此足知後世稱舜以上爲五帝，禹以下爲三王，皆承周制言之。孔子周人，其稱先王，當以禹爲三王最先者矣。」干寶注周禮「惟王建國」云：「王，天子之號，三代所稱。」亦以「王」爲三代專稱，義與鄭同。孔子之後，秦漢變古，故未曾絀夏爲帝，存周之後，於是五帝、三王所指，止於周世，定矣。司馬遷作史記五帝本紀，亦從其實，於是古制淪亡，皇、帝、王不復辨矣。鄭君據古制注經，以「先王」爲禹，精當無倫。鄭君擅於典禮，依經立制，分三王、五帝爲二，以爲三王尚禮，五帝尚德，尚禮爲小康，尚德爲大同。禮記禮運言「大同」、「小康」之别云：「大道之行也，與三代之英，丘未之逮也，而有志焉。大道之行也，天下爲公。選賢與能，講信脩睦。故人不獨親其親，不獨子其子，使老有所終，壯有所用，幼有所長，矜、寡、孤、獨、廢疾者皆有所養。男有分，女有歸。貨惡其棄於地也，不必藏於己。力惡其不出於身也，不必爲己。是故謀閉而不興，盜竊亂賊而不作，故外戶而不閉，是謂大同。今大道既隱，天下爲家，各親其親，各子其子，貨力爲己，大人世及以爲禮。城郭溝池以爲固，禮義以爲紀，以正君臣，以篤父子，以睦兄弟，以和夫婦，以設制度，以立田里，以賢勇、知，以功爲己。故謀用是作，而兵由此起。禹、湯、文、武、成王、周公，由此其選也。此六君子者，未有不謹於禮者也，以著其義，以考其信，著有過，刑仁講讓，示民有常。如有不由此者，在埶者去，衆以爲殃，是謂小康。」鄭注云：「大道，謂五帝時也。」蓋以經云「禹、湯、文、武、成王、周公」六君子之治爲小康，故夏禹以前大同之治，則是五帝時也。劉炫古文孝經序疏引「或者」之言云：「太古之世，淳風未澆，大樸未折，上德不德，無欲無爲，齊榮辱於死生，等怨親於物我，視他人之親如己親，於他人之子如己子，是謂大道之行，至孝之世。自名教既興，風俗澆薄，人心有異於昔，爲孝不逮於古，今之孝者獨善其親，孔子救時之弊，故説獨親之孝。」此必六朝義疏解鄭注之言，其説雖雜玄風，而分別大同小康，則合鄭義也。又禮記曲禮云：「太上貴德，其次務施報。」鄭注云：「太上，帝皇之世，其民施而不惟報。」又云：「三王之世，禮始興焉。」是以帝皇之世以德治，三王之世以禮治也。禮記祭法云：「有虞氏禘黄帝而郊嚳，祖顓頊而宗堯。夏后氏亦禘黄帝而郊鯀，祖顓頊而宗禹。殷人禘嚳而郊冥，祖契而宗湯。周人禘嚳而郊稷，祖文王而宗武王。」鄭注云：「有虞氏以上尚德，禘、郊、祖、宗，配用有德者而已。自夏已下，稍用其姓代之。」孔疏云：「云『有虞氏以上尚德，禘、郊、祖、宗，配用有德者而已』者，以虞氏禘、郊、祖、宗之人皆非虞氏之親，是尚德也。云『自夏已下，稍用其姓代之』者，而夏之郊用鯀，是稍用其姓代之。但不盡用己姓，故云稍也。」據此三說，鄭君注經，分五帝、三王之世爲二，斷自夏禹。禹以前天下爲公，禪位授聖，其治貴德，故禘郊祖宗，配用有德。禹以後天下爲家，大人世及，其治貴禮，故禘郊祖宗，稍用其姓。孝經之法以孝爲本，重宗廟，追始祖，皆合於禹以後治法，而與禹以前貴德不重禮之法不同，是故經言「先王」，必指禹也。案：上古帝王，堯典稱堯「克峻明德，以親九族，九族既睦，平章百姓」，是堯之孝也。孟子屢稱舜孝，離婁上云：「舜盡事親之道，而瞽瞍厎豫。瞽瞍厎豫而天下化，瞽瞍厎豫而天下之爲父子者定。此之謂大孝。」告子下引孔子曰：「舜其至孝矣，五十而慕。」並云：「堯舜之道，孝弟而已矣。」孔子樂道堯舜之道，然孝經之「先王」必是禹，孝經之治必自三王之世者，堯、舜之孝，是其聖王之德，非以孝爲治法，而孝經之法，以孝爲治，故天位傳子，郊祀始祖，宗祀嚴父，父事三老以教天下孝，兄事五更以教天下悌，此皆以孝爲治之法也。且以孝爲治，乃重愛、敬，由敬而生禮，故爲禮運之世也。

注以「至德」爲「孝悌」，「要道」爲「禮樂」者，禮記檀弓「斯道也，將亡矣」，鄭注云：「道，猶禮也。」論語泰伯「君子所貴乎道者三」，鄭注云：「此道謂禮也。」論語陽貨「君子學道則愛人，小人學道則易使」，孔傳云：「道，謂禮樂也。」是以禮樂解「道」，爲諸家通説也。白虎通禮樂云：「禮樂者，何謂也？禮之爲言履也，可履踐而行。樂者，樂也，君子樂得其道，小人樂得其欲。」禮記祭義云：「禮者，履此者也。」荀子大略云：「禮者，人之所履也。」爾雅釋言：「禮，履也。」注云：「禮可以履行。」以履行釋「禮」，正鄭君之意也。案：此經言孝，本於愛親、敬親，愛、敬爲此經言孝之大本，經屢言之，而天子章云：「愛親者，不敢惡於人。敬親者，不敢慢於人。」聖治章云：「不愛其親，而愛他人親者，謂之悖德。不敬其親，而敬他人親者，謂之悖禮。」此二句最要。愛者德之本，敬者禮之本，故鄭注以至德爲孝悌，要道爲禮樂也。又，至德要道，合而用之，不可偏廢。先王之教民也，必本於天而立其德，使民人有所從而效之。又必制作禮樂，使民人日用而不知。王肅解經，與鄭立異，故解此經曰：「孝爲德之至，又爲道之要。」兩晉六朝有從其説者，法琳辯正論引車胤解「道」、「德」云：「在己爲德，及物爲道。」劉炫述議引殷仲文云：「窮理之極爲至，以一管衆爲要」。辯正論又引殷仲文云：「德者，得也。道者，由也。言得孝在心，故謂之德，由之而成，故謂之道。是以孝爲德本，成曰道功。德彰自立之名，道有兼濟之稱。內因德而行就，外由道而化成。生之蓄之，道之要也。成之熟之，德之至也。故論衡云：「立身之謂德，成名之謂道。」明皇御注，本不取典禮，徒空言説經，故從王説，使鄭注千年湮沒。今觀廣要道章，所言莫非禮樂之本，乃知鄭注皎然不可駁也。

注云「以，用也」者，用至德要道也。「順天下」，鄭氏無注，三才章「則天之明，因地之利，以順天下，是以其教不肅而成」，治要存鄭注云：「用天四時、地利，順治天下，下民皆樂之，是以其教不肅而成也。」皮疏據此以爲「此『順』字鄭亦當以『順治』解之」。然敦煌寫本鄭注三才章則曰：「用天時，順地利，則天下民皆樂之，是以其教不肅而成。」較之治要，敦煌寫本辭氣通達，治要傳抄誤也。

注云「至德以教之」者，廣至德章云：「君子之教以孝也，非家至而日見之也。教以孝，所以敬天下之爲人父者也；教以悌，所以敬天下之爲人兄者也；教以臣，所以敬天下之爲人君者也。」注云「要道以化之」者，廣要道章云：「教民親愛，莫善於孝。教民禮順，莫善於悌。移風易俗，莫善於樂。安上治民，莫善於禮。禮者，敬而已矣。故敬其父則子悦，敬其兄則弟悦，敬其君則臣悦，敬一人而千萬人悦。所敬者寡，而悦者衆。」注云「是以民用和睦，上下無怨也」者，劉炫述議云：「尚書毋逸説高宗之德云『至于小大，無時或怨』，鄭玄以『小大』爲公卿士庶，無怨恨高宗者，則此『上下無怨』，義亦然也。」劉説是也。左氏昭二十年傳云：「若有德之君，外内不廢，上下無怨。」孔疏云「此猶如孝經『上下無怨』也」，言人臣及民上下無相怨耳。」經云「民用和睦，上下無怨」，下接天子至於庶人五等之孝，則此「上下」乃指尊卑而言也。

曾子避席，曰：「參不敏，何足以知之！」參，名也。（治要）敏，猶達也。（治要）參不達。（儀禮鄉射記疏）

【疏】「曾子」至「知之」　「曾子避席」者，禮記曲禮「長者問，不辭讓而對，非禮也」，鄭注云：「當謝不敏，若曾子之爲。」鄭注即據孝經此文而言也。皮疏云：「鄭注文王世子『終則負墻』云：『卻就後席相辟。』又注孔子閒居『負墻而立』云：『起負墻者，所問竟，辟後來者。』然則曾子避席，正以同在講堂，獨承聖教，故辭不敢當，而引避他人也。」注云「參，名也」者，正以上云「曾子」，此云「參」，故出此注也。

子曰：「夫孝，德之本，刊本句末多一「也」字。人之行莫大於孝，故曰德之本也。治要**教之所由生。**刊本句末多一「也」字。教人親愛，莫善於孝，故言教之所由生。治要

【疏】「子曰」至「由生」　論語學而有子云：「孝弟也者，其爲仁之本與。」皇侃論語義疏云：「言孝是仁之本，若以孝爲本，則仁乃生也。仁是五德之初，舉仁則餘從可知也。」下引此經文。禮記祭義云：「子曰：『立愛自親始，教民睦也。立敬自長始，教民順也。教以慈睦，而民貴有親。教以敬長，而民貴用命。孝以事親，順以聽命，錯諸天下，無所不行。』」案：此經既言三王之世，孝爲德之本，故爲教之所由生，又言聖人立法，必求德之根本，順此德之根本，以爲教化之道也。注云「人之行莫大於孝，故曰德之本也」者，「人之行莫大於孝」，聖治章文。孟子離婁上云：「仁之實，事親是也，義之實，從兄是也。智之實，知斯二者弗去是也。禮之實，節文斯二者是也。樂之實，樂斯二者。」有事親之孝，然後有從兄之悌。親親之仁，敬長之義，不學而能，不慮而知，智、禮、樂皆是保此二者者也。故事親之孝，爲德之大本。中庸「立天下之大本」，鄭注：「大本，孝經也。」延篤仁孝論云：「夫仁人之有孝，猶四體之有心腹，枝葉之有本根也。」

注云「教人親愛，莫善於孝」者，廣要道章文，鄭注彼云：「孝者德之本，又何加焉。」禮記中庸「脩道之謂教」，鄭注云：「治而廣之，人放傚之，是曰教。」

復坐，吾語汝。身體髮膚，受之父母，不敢毀傷，孝之始也。父母全而生之，己當全而歸之。唐明皇注，邢疏云：「此依鄭注。」**立身行道，揚名於後世，以顯父母，孝之終也。**父母得其顯譽也者。釋文。嚴本云：「語未竟，或當作『者也』，轉寫倒。」臧本云：「『者』字當衍。」

【疏】「復坐」至「終也」「復坐，吾語汝」者，劉炫述議引劉向别録云：「孔子將作孝經，發憤蓄思，不待奮發，而問曾子也。曾子見夫子言，將爲萬世經，非庸庸之説，故汲汲而避席。孔子見其欲得之甚，故呼使復坐而語之。」「身體髮膚，受之父母，不敢毀傷，孝之始也」者，邢疏云：「身謂躬也，體謂四支也，髮謂毛髮，膚謂皮膚。」又云：「毀謂虧辱，傷謂損傷。」「鄭注周禮『禁殺戮』云『見血爲傷』是也。」所以如此者，己之身體，父母之遺體也。禮記祭義曾子曰：「身也者，父母之遺體也。行父母之遺體，敢不敬乎？」大戴禮曾子大孝亦云：「身者，親之遺體也。行親之遺體，敢不敬乎？」禮記哀公問云：「君子無不敬也，敬身爲大。身也者，親之枝也，敢不敬與？不能敬其身，是傷其親。傷其親，是傷其本。傷其本，枝從而亡。」敬其身，故有德行。祭義曾子曰：「居處不莊，非孝也。事君不忠，非孝也。涖官不敬，非孝也。朋友不信，非孝也。戰陳無勇，非孝也。五者不遂，烖及於親，敢不敬乎？」祭義又引樂正子春云：「壹舉足而不敢忘父母，壹出言而不敢忘父母。壹舉足而不敢忘父母，是故道而不徑，舟而不游，不敢以先父母之遺體行殆。壹出言而不敢忘父母，是故惡言不出於口，忿言不反於身。不辱其身，不羞其親，可謂孝矣。」大戴禮曾子本孝云：「故孝子之事親也，居易以俟命，不興險行以儌幸；孝子遊之，暴人違之；出門而使，不以或爲父母憂也；險塗隘巷，不求先焉，以愛其身，以不敢忘其親也。」大戴禮曾子本孝「孝子不登高，不履危」，盧注云：「敬父母之遺體，故跬步未敢忘其親。」

注云「父母全而生之，子當全而歸之」者，皮疏云：「祭義樂正子春曰：『吾聞諸曾子，曾子聞諸夫子曰：天之所生，地之所養，無人爲大。父母全而生之，子全而歸之，可謂孝矣。不虧其體，不辱其身，可謂全矣。』曾子聞諸夫子，當即孝經之文。故鄭君引之以注經也。」論語泰伯：「曾子有疾，召門弟子曰：『啟予足！啟予手！詩云：「戰戰兢兢，如臨深淵，如履薄冰。」而今而後，吾知免夫，小子！』」鄭注云：「曾子以爲受身體於父母，不敢毀傷，故使弟子開衾視之也。」是鄭引孝經之文以注論語也。

注云「父母得其顯譽也者」者，邢疏引皇侃云：「若生能行孝，沒而揚名，則身有德譽，乃能光榮其父母也。」禮記祭義云：「君子之所謂孝也者，國人稱願然，曰：『幸哉，有子如此！』所謂孝也已。」禮記哀公問：「公曰：『敢問何謂成親？』孔子對曰：『君子也者，人之成名也。百姓歸之名，謂之君子之子，是使其親爲君子也。是爲成其親之名也已。』」孔疏云：「『百姓歸之名，謂之君子之子』

者，言己若能敬身，則百姓歸己善名，謂己爲君子所生之子，是己之脩身，使其親有君子之名，是脩身成其親也。」「始終」之義，邢疏云：「夫不敢毀傷，闔棺乃止，立身行道，弱冠須明。經雖言其始終，此略示有先後，非謂不敢毀傷唯在於始，立身行道獨在於終也。明不敢毀傷，立身行道，從始至末，兩行無怠。此於次有先後，非於事理有終始也。」是也。

夫孝，始於事親，中於事君，終於立身。父母生之，是事親爲始。卌強而仕，是事君爲中。邢疏。邢疏原文作「四十強而仕」，釋文存「卌強而仕」。釋文是也。據下新出寫本推之，此二句爲邢疏約鄭注而言，非鄭注原文也。臧本云「正義約鄭義引之，非其本文」，是也。臣年七十，耳目不聰明，行步不及逮，退就田里，懸車致仕，詳習孝道，以教弟子，足以立身揚名而已。邢疏作「七十致仕，是立身爲終也」，是約鄭注而言也。本注原本作「……十，耳目不聰明，行步不及逮，退就田里，懸車……在誨習孝道，以教弟子，足以立身揚名而已。」注「揚名」，寫本原文作「楊」，誤。釋文存「行步不逮」、「懸車致仕」。

【疏】注「父母」至「而已」者，鄭君以年齒説終始，據禮記而言也。皮疏云：「曲禮曰『四十曰彊而仕』，又曰『大夫七十而致仕』。內則曰『四十始仕，七十致仕』。鄭君據此爲説。」是也。孝經孔傳解此經文，亦以自生至於三十爲始，四十以往爲中，七十致仕以後爲終，劉炫述議云：「此始、中、終之義，非徒孔爲此説，先儒盡然。」先儒之所以如此者，以此言「始終」，與上文「始終」不同，故注亦不同也。司馬遷史記自序云：「且夫孝始於事親，中於事君，終於立身，揚名於後世，以顯父母，此孝之大也。」是「終於立身」即承上文「立身行道，揚名于後世」而言也。孝經之孝，必有事君、立身之道，非惟行孝於家而已。蓋孔子爲後世立法，備於六經，而孝經總會六經之道，既爲後世立法，則爲家國天下之道，國若不立，家則焉存。家若不存，何以言身。是故言孝，非止爲子對父母之道，而亦素王立教，教天下萬世之法之根基也。曹元弼孝經鄭注箋釋云：「案孝經言孝，而切切以事君爲訓，曰『中於事君』，曰『夙夜匪懈，以事一人』，曰『資於事父以事君而敬同』，曰『君取其敬』，曰『以孝事君則忠』，曰『父子之道，天性也，君臣之義也』，曰『爲下不亂』，曰『要君者無上』，曰『敬其君則臣悦』，曰『教以臣，所以敬天下之爲人君者』，曰『事親孝，故忠可移於君』，曰『當不義，則臣不可以不爭於君』，而結以事君章。蓋君臣者，人治之大，天下一日無君，則弱肉強食，爭奪相殺，生民莫得保其父子。故孝經大義，在天子至庶人各盡其愛敬，君明臣忠，上仁下義，以各保其祖父所傳之天下國家、身體髮膚，如此則君君、臣臣、父父、子子而天下大治。故孝子事君必忠，孝弟之人不好犯上作亂，爲仁天下之本，所謂聖法者如此。」曹氏治經，知孝爲聖人立法之根基，故能識此義也。

注云「父母生之，是事親爲始」者，親，謂父母也。人之生，即事父母，如禮記曲禮所謂「凡爲人子之禮，冬温而夏清，昏定而晨省，在醜夷不爭。」「見父之執，不謂之進不敢進，不謂之退不敢退，不問，不敢對。」「爲人子者，居不主奥，坐不中席，行不中道，立不中門，食、饗不爲槩，祭祀不爲尸，聽於無聲，視於無形，不登高，不臨深，不苟訾，不苟笑」之類是也。

注云「四十強而仕，是事君爲中」者，人生二十曰弱，體猶未壯，血氣未定。三十曰壯，血氣已定，可以有室。四十曰強，孔穎達禮記曲禮疏云：「三十九以前通曰壯，壯久則強，故『四十曰強』。強有二義，一則四十不惑，是智慮強；二則氣力強也。」內則又云：「四十始仕，方物出謀發慮，道合則服從，不可則去。」

云「臣年七十，耳目不聰明，行步不及逮，退就田里，懸車致仕」者，禮記曲禮云：「大夫七十而致事。」鄭注云：「致其所掌之事於君而告老。」孔疏云：「七十曰老，在家則傳家事於子孫，在官致所掌職事還君，退還田里也。不云置而云致者，置是廢絕，致是與人，明朝廷必有賢代已也。」白虎通曰：「臣年七十，懸車致仕者，臣以執事趨走爲職，七十陽道極，耳目不聰明，跂踦之屬，是以退老去，避賢者路，所以長廉遠恥也。」懸車致仕，古有二義。其一以人生七十如暮日至於懸輿，白虎通致仕陳立疏云：「公羊疏引春秋緯云：『日在懸輿，一日之暮。人生七十，亦一時之暮，而致其政事于君，故曰懸輿致仕。』淮南子天文訓：『至於悲泉，爰止其女，爰息其馬，是謂懸輿。』二說皆以人年七十與日在用懸輿同。故云『懸輿致政』。」其一以懸輿爲不用，白虎通致仕云：「懸車，示不用也。致事者，致其事於君。君不使退而自去者，尊賢者也。」鄭義同白虎通説。三國志徐宣傳云：「七十有懸車之禮。」應劭風俗通義十反云：「年漸七十，禮在懸車。」論衡自紀亦云：「年漸七十，時可懸輿。」七十之所以懸車致仕，退就田里者，白虎通致仕云：「君不使退而自去者，尊賢者也。」晉書劉寔傳云：「七十致仕，亦所以優異舊德，厲廉高之風。」庾峻傳又云：「可聽七十致仕，則士無懷禄之嫌矣。」

云「詳習孝道，以教弟子，足以立身揚名而已」者，尚書大傳略説云：「大夫七十而致仕，老於鄉里。大夫爲士師，士爲少師。」鄭君注云：「所謂里庶尹也。古者仕焉而已者，歸教於閭里。」禮記學記云：「古之教者，家有塾。」鄭君注云：「古者仕焉而已者，歸教於閭里，朝夕坐於門，門側之堂謂之塾。」白虎通辟雍云：「古者教民者，里皆有師，里中之老有道德者爲里右師，其次爲左師，教里中之子弟以道藝、孝悌、仁義。」劉炫述議云：「若以始爲在家，終爲致仕，則兆庶皆能有始，人君所以無終。若以年七十者始爲孝終，不致仕者皆爲不立，則中壽之輩盡曰不終。顏子之流，亦無所立矣。」皮錫瑞駁之云：「劉氏刻舟之見，疑非所疑。必若所云，天子尊無二上，無君可事，豈但無終？又有遁世者流，不事王侯，豈皆不孝？不惟鄭注可駁，聖經亦可疑矣。經言常理，非爲一人而言，鄭注亦言其常，何得以顏夭爲難哉？」皮説是也。

大雅云：『無念爾祖，聿修厥德。』」大雅者，詩之篇名。云，言也。無念，猶無忘。（治要、釋文皆作「無念，無忘也」。）祖，先祖。聿，述也。修，治也。（新出寫本作「聿修之理」，治要作「聿，述也。修，治也」，詩「聿修厥德」句毛傳云：「聿，述。」鄭箋亦云「述修祖德」。中庸「修道之謂教」鄭注云：「修，治也。」故從治要。）厥，其。爲孝之道，無敢忘爾先祖，當修治其德矣。（寫本作「爲孝之道，無敢忘爾先…德」，治要云：「爲孝之道，無敢忘爾先祖，當修治其德矣。」故據治要補之。）不言詩而言雅者何？詩者通辭，雅者正也。方始發章，欲以正爲始。（邢疏引鄭注作：「雅者正也。方始發章，以正爲始。」）

【疏】「大雅」至「厥德」　漢書匡衡傳衡上疏曰：「大雅曰：『無念爾祖，聿修厥德。』孔子著之孝經首章，蓋至德之本也。」朱子孝經刊誤刪開宗明義章至庶人章引詩、書之文，以其爲後人所加，「使其文意分斷間隔，而讀者不復得見聖言全體大義，爲害不細。故今定此六、七章者，合爲一章，而刪去『子曰』者二，引書者一，引詩者四，凡六十一字，以復經文之舊。」皮疏：「考御覽引鉤命決曰：『首仲尼以立情性，言「子曰」以開號，列曾子示撰，輔書、詩以合謀。』緯書之傳最古，其説如此。匡衡之疏，尤足證引詩爲聖經之舊，非後人所增竄。孝經每章必引詩、書，正與大學、中庸、坊記、表記、緇衣諸篇文法一例。朱子於大學、中庸所引詩、書皆極尊信，未嘗致疑，獨疑孝經，何也？」陳伯陶孝經説亦云：「朱子蓋疑孝經引詩、書爲後人所附益也。蒙謂『子所雅言，詩、書，執禮』，則平居必常述詩、書。論語經門人刪訂，故所存者少，然如『相維辟公，天子穆穆』，『不忮不求，何用不臧』，『誠不以富，以祇以異』，『孝乎惟孝，友于兄弟，施于有政』，尚可考知也。左丘明春秋傳記孔子語，尤多引詩、書之文。」……「孝經之成，在春秋後，其稱述詩、書，實足爲與春秋相表裏之證。不特此也，禮記孔子閒居乃孔子以三王治天下之道告子夏，而引詩爲證，與孝經同。其後曾子之大學，子思之中庸，亦遵爲之。孟子，私淑孔子者也，荀卿，師法仲尼者也，其所著書，又皆引詩、書爲證，與孝經同。即至韓嬰之爲外傳，劉向之爲説苑，亦然。觀此，知聖門一脈之流傳，與儒者相沿之法式，其所以異于諸子在此。然則孝經每章綴以詩、書之文，實出於孔子，又奚疑乎？」皮、陳之説是也。

注云「大雅者，詩之篇名」者，「無念爾祖，聿修厥德」出自詩經大雅文王。詩序云：「言天下之事，形四方之風，謂之雅。雅者，正也，言王政之所由廢興也。政有大小，故有小雅焉，有大雅焉。」文王之詩，詩序云：「文王，文王受命作周也。」云「無念，猶無忘。祖，先祖」者，詩「無念爾祖」，毛傳云：「無念，念也。」鄭箋云：「當念汝祖爲之法。」無念即無忘也。

注云「聿，述也。修，治也。厥，其」者，詩「聿修厥德」句，毛傳云：「聿，述。」鄭箋亦云「述修祖德」。厥，其祖也。

注云「爲孝之道，無敢忘爾先祖，當修治其德矣」者，皮疏云：「述修祖德，其德屬祖德，非己德，己之德不可言述也。邢疏云：『述修先祖之德而行之。』與鄭義合。」

注云「不言詩而言雅者何？詩者通辭，雅者正也。方始發章，欲以正爲始」者，劉炫述議引「或稱」云：「雅者，正也。將論一篇之致，取其以正爲始。」或稱，即鄭注之意也。案：經十八章，引詩者十，即開宗明義章、諸侯章、卿大夫章、士章、三才章、孝治章、聖治章、廣至德章、感應章、事君章，引書者一，即天子章，不引者七，即庶人章、紀孝行章、五刑章、廣要道章、廣揚名章、諫爭章、喪親章。經之援引詩、書，引與不引，各有深意，而鄭注之言首章引詩用「大雅」，乃「以正爲始」，亦有深意。禮記之篇，引詩不言「詩」而言「大雅」者數，如表記子曰：「中心安仁者，天下一人而已矣。大雅曰：『德輶如毛，民鮮克舉之；我儀圖之，惟仲山甫舉之，愛莫助之。』小雅曰：『高山仰止，景行行止。』」緇衣引子曰：「好賢如緇衣，惡惡如巷伯，則爵不瀆而民作願，刑不試而民咸服。大雅曰：『儀刑文王，萬國作孚。』」又引子曰：「禹立三年，百姓以仁遂焉，豈必盡仁？詩云：『赫赫師尹，民具爾瞻。』甫刑曰：『一人有慶，兆民賴之。』大雅曰：『成王之孚，下土之式。』」又引子曰：「君子道人以言，而禁人以行。故言必慮其所終，而行必稽其所敝；則民謹於言而慎於行。詩云：『慎爾出話，敬爾威儀。』大雅曰：『穆穆文王，於緝熙敬止。』」」鄭君注此數引大雅者，未曾言「大雅」之意，何者？以其書大賢所記，或稱「詩云」或稱「大雅曰」、「小雅曰」，無深意也。而孝經之爲經，首章引大雅者，意在正始，正同於春秋也。一經之始，聖人筆削所至慎，春秋「元年春王正月」，穀梁疏云：「何休注公羊，取春秋緯『黄帝受圖，立五始』，以爲元者氣之始，春者四時之始，王者受命之始，正月者政教之始，公即位者一國之始，五者同日並見，相須而成。」賈誼新書胎教云：「易曰：『正其本而萬物理，失之毫釐，差以千里，故君子慎始。』春秋之『元』，詩之關雎，禮之冠、婚，易之乾、坤，皆慎始敬終云爾。」孝經開宗明義，引詩專稱大雅，正同於此。案：孝經一書，體例近於二戴之記，四库提要云：「今觀其文，去二戴所録爲近，要爲七十子徒之遺書。使河間獻王采入一百三十一篇中，則亦禮記之一篇，與儒行、緇衣轉從其類。惟其各出别行，稱孔子所作，傳録者又分章標目，自名一經。後儒遂以不類繫辭、論語繩之，亦有由矣。」提要所論，頗惑于宋儒疑孝經非出孔子之説，故言其近於禮記。陳澧東塾讀書記云：「四庫全書總目謂孝經與禮記爲近，又以魏文侯有孝經傳，則孝經爲七十子之遺書。此考據最確，無疑義矣。『仲尼居，曾子侍』，與『孔子閒居，子夏侍』，『仲尼燕居，子張、子夏、子游侍』，文法正同。大戴禮主言篇：『孔子閒居，曾子侍』文法亦同。其書言孝道乃天下之大本，中庸『立天下之大本』，鄭注：『大本，孝經也。』故自爲一經。此經是孔子之言，其筆之於書者，但可謂之述，不可謂之作，故鄭君以爲孔子作也。」四庫館臣、陳澧之説，違鄭遠矣。以鄭君之見，孝經出自孔聖，自成一經之體，禮記成於大賢，羽翼禮經而已。孝經必有分章，章次相承有序，以明一經之體，並非漫録其文。開篇首書「仲尼」，稱字不言「子曰」，以明法出孔聖，彰表聖人之德。「居」必在講堂，以明廣援生徒演説此經，而非閒居漫説。首章引詩，必稱「大雅」，不言「詩云」，以明方始發章，以正爲始。孝經出於孔子，總會六藝之道，禮記大賢所記，申補禮經之義，作者、旨意各不相同，不可等夷視之。

天子章第二

【疏】邢疏云：「前開宗明義章雖通貴賤，其跡未著，此故已下至於庶人，凡有五章，謂之五孝，各說行孝奉親之事而立教焉。天子至尊，故標居其首。」此經前云「先王有至德要道」，至此云「天子章」，禮記王制開篇云「王者之制禄爵，公、侯、伯、子、男凡五等」，下即云「天子之田方千里」諸等，皆以「王」爲制作法度之王者，「天子」爲躬行王制之君也。天子爲爵稱，白虎通爵云：「天子者，爵稱也。」孝經鉤命決曰：「天子，爵稱也。」孟子萬章下孟子言班爵禄之法云：「天子一位，公一位，侯一位，伯一位，子、男同一位，凡五等也。」亦以爲天子有爵。周易乾鑿度亦云：「天子者，爵號也。」天子之意爲天之子。白虎通云：「爵所以稱天子者何？王者父天母地，爲天之子也。」孝經援神契云：「天覆地載，謂之天子，上法斗極。」董仲舒春秋繁露深察名號云：「受命之君，天意之所予也。故號爲天子者，宜視天爲父，事天以孝道也。」陳立白虎通疏證引諸説云：「乾鑿度云：『天子者，繼天理物，改一統各得其宜，父天母地，以養萬民，至尊之號也。』後漢書注引感精符云：『人主日月同明，四時合信，故父天母地，兄日姊月。』宋注：『父天，于圜丘之祀也。母地，于方澤之祭也。』董子繁露三代改制篇：『天佑而子之，號稱天子，故聖王生則稱天子。』蔡邕獨斷云：『父天母地，故稱天子。』太平御覽引應劭漢官儀云：『號曰皇帝，道舉措審諦，父天母地，爲天下主。』詩時邁云：『昊天其子之。』鄭箋：『天其子愛之。』何氏公羊成八年傳注：『聖人受命，皆天所生，謂之天子。』御覽引保乾圖云：『天子至尊也。神精與天地通，血氣含五帝精，天愛之子之也。』後漢李固傳云：『王者父天母地。』是也。」

子曰：「愛親者，不敢惡於人。愛其親者，不敢惡於他人之親。治要 **敬親者，不敢慢於人。**己慢人之親，人亦慢己之親，故君子不爲也。治要

【疏】「子曰」至「於人」　邢疏云：「五等之孝，惟於天子章稱『子曰』者，皇侃云：『上陳天子極尊，下列庶人極卑。尊卑既異，恐嫌爲孝之理有別，故以一子曰通冠五章，明尊卑貴賤有殊，而奉親之道無二。』」陸德明經典釋文亦云：「此一『子曰』，通天子、諸侯、卿大夫、士、庶人五章也。」注云「愛其親者，不敢惡於他人之親」，「己慢人之親，人亦慢己之親，故君子不爲也」者，皮疏云「經文二語，本屬泛言，自『愛敬盡於事親』以下，始言天子之孝。故鄭注亦泛言其理，不探下意爲解。孟子曰：『愛人者，人恒愛之；敬人者，人恒敬之。』又曰：『殺人之父，人亦殺其父。殺人之兄，人亦殺其兄。』然則愛敬其親者，不敢惡慢他人之親，鄭注得其旨矣。」皮説是也，自天子至於

庶人之孝，皆以此二語爲本，與庶人章末句「故自天子至於庶人，孝無終始，而患不及己者，未之有也」，遥相呼應，中述五等之孝。此句總言天子至於庶人愛敬之理也，經云「愛親者」、「敬親者」，則凡人皆可以愛敬其親，凡理愛敬其親皆不敢惡慢他人，故鄭注以爲泛言，至當也。愛敬之義，邢疏云：「愛之與敬，解者衆多。沈宏云：『親至結心爲愛，崇恪表跡爲敬。』劉炫云：『愛惡俱在於心，敬慢並見於貌。愛者隱惜而結於内，敬者嚴肅而形於外。』皇侃云：『愛敬各有心跡，烝烝至惜，是爲愛心。温清搔摩，是爲愛跡。肅肅悚栗，是爲敬心。拜伏擎跪，是爲敬跡。』舊説云：『愛生於真，敬起自嚴。孝是真性，故先愛後敬也。』」經言「惡於人」、「慢於人」，鄭注云「惡於他人之親」、「慢人之親」，據聖治章之意而言也，敦煌新出唐寫本聖治章云：「故不愛其親而愛他人親者，謂之悖德。不敬其親而敬他人親者，謂之悖禮。」唐明皇集注孝經，悍然删經文二「他人親」之「親」字，御注本流行而鄭注本亡佚，使人不知鄭注此文之所據，今據敦煌新出聖治章白文及鄭注，乃知鄭君解經，確有所據也。

愛敬盡於事親，盡愛於母，盡敬於父。**而德教加於百姓，**敬以直内，義以方外，是故德教流行，加於百姓。治要作：「敬以直内，義以方外，故德教加於百姓也。」**形**釋文出「形于」，云：「字又作『刑』。」是陸氏所見今文孝經，已有「形」、「刑」二本。新出寫本有作「刑」者，石臺本、明皇御注本皆作「刑」，且鄭注寫本有作「刑」並注云：「刑，見也。」是形、刑可通，而鄭解爲「見」。**于**臧庸云：「凡古文經作『于』，今文及傳注作『於』，論語、孝經皆傳也，今孝經又今文，故字皆作『於』而不當作『于』。此章『加於百姓，刑于四海』，於、于字前後皆錯見，非也。考此經石臺本、唐石經、岳本皆作『刑于四海』，蓋因詩思齊有『刑于』之文，相涉誤解。庶人章正義作『加於百姓』，『刑於四海』，當據以訂正。」龔向農云：「治要本正作『刑』，『於』仍作『于』，臧氏謂今文經、傳、注皆作『於』，未足據。惟此經『於』字三十六見，不應此二處獨作『于』，故用臧説改正。」案：臧庸所云石臺本、唐石經、岳本之外，尚有日本所藏覆卷子本唐開元御注孝經寫本、新出孝經經文、注文諸寫本，皆作「刑于」，故不從臧、龔之説。**四海，**形，見也，治要。唐寫本有作「刑，見也」。德教流行，見於四海，無所不通。治要作「德教流行，見四海也」。嚴可均云：「文當有『于』字。」徵諸寫本，是「於」而非「于」。蓋天子之孝也。

蓋者，謙辭。邢疏。寫本有「之」字，林秀一補爲「蓋者孔子之謙辭」。方制海內，謂之天子。鄭注諸侯章「諸侯之孝」云：「列土分疆，謂之諸侯。」注卿大夫章「卿大夫之孝」云：「張官設府，謂之卿大夫。」注士章「士之孝」云：「別是非，知義理，謂之爲士。」是知此「天子」必有注，而其文佚失。敦煌新出寫本伯3274爲皇侃孝經鄭注義疏寫本，其解此處有斷文云：「方制，即義……服內，是白虎通云：『王者父天而……』」補全其義，此句當爲：「方制即義（以方外）……服內，是白虎通云：『王者父天而（母地，故曰天子）。』」是鄭注以「方制」二字起。觀鄭解「諸侯」，云「列土分疆，謂之諸侯。」鄭注「卿大夫」，云「張官設府，謂之卿大夫。」皆用漢人成語也，其注「天子」，必亦如是。白虎通封公侯云：「列土爲疆，非爲諸侯，張官設府，非爲卿大夫，皆爲民也。」潛夫論三式篇云：「封疆立國，不爲諸侯，張官置吏，不爲大夫，必有功於民，乃得保位。」而漢書谷永傳有云：「方制海內，非爲天子，列土封疆，非爲諸侯，皆以爲民也。」鄭注疏文有「方制」二字，必爲「方制海內，謂之天子」。天子行孝，當如此章。下卿大夫章「蓋卿大夫之孝也」，注云：「張官設府，謂之卿大夫。卿大夫行孝，當如此章也。」士章「蓋士之孝也」，注云：「別是非，知義理，謂之爲士。士之行孝，當如此章。」庶人章「此庶人之孝也」，注云：「庶，衆也。衆人爲孝，當如此章。」皆先解其名，後言其行孝當如此章，故此必有「天子行孝，當如此章」之文也。

【疏】「愛敬」至「孝也」　天子有宗廟，而本章不言「保其宗廟」，有祭祀，而不言「守其祭祀」者，劉炫述議云：「諸侯、大夫、士皆言『保』、『守』，此章不言『保』、『守』者，天子施化之主，言其教化臣民，至於天下大治，乃使保祐兆庶，非徒自守而已，故不得設『守』之文。」案：諸侯章言「保其社稷而和其民人」，卿大夫章言「守其宗廟」，士章言「保其祿位而守其祭祀」，凡社稷、宗廟、祿位、祭祀，皆諸侯、卿大夫、士所有，天子有天下，故不能言保、守也。呂氏春秋孝行覽云：「先王之所以治天下也。故愛其親，不敢惡人；敬其親，不敢慢人。愛敬盡於事親，光耀加于百姓，究于四海，此天子之孝也。」孝行覽爲徵引此經最早者。

注云「盡愛於母，盡敬於父」者，皮疏云：「士章曰：『資於事父以事母而愛同，資於事父以事君而敬同。故母取其愛，而君取其敬，兼之者父也。』據經義，是愛當屬母，敬當屬父，故鄭據以爲說。表記曰：『今父之親子也，親賢而下無能；母之親子也，賢則親之，無能則憐之。母親而不尊，父尊而不親。』然則尊親敬愛，固當有別矣。」

注云「敬以直內，義以方外，是故德教流行，加於百姓」者，周易坤卦：「直其正也，方其義也。君子敬以直內，義以方外，敬義立而德不孤。」鄭君斷引周易之文以注此經。內者，一家之內，外者，一家之外。「敬以直內」者，解上文「愛敬盡於事親」也。上經注皆言愛、敬，此注專舉「敬以直內」者，廣要道章云「禮者，敬而已矣」，鄭注云：「敬者，禮之本。」敬以直內，以禮言也，天子爲世子則有父有母，可以行事親之禮，既爲天子，則無父，故盡敬於父者，宗廟致敬也。「義以方外」者，解「德教加於百姓」也。天子行孝弟之禮於家，垂範於萬國，使萬國得其教化，此親親而仁民也。鄭注無解「百姓」之文，經記之言「百姓」者有二義。其一爲百官族姓，左傳隱八年衆仲之言云：「天子建德，因生以賜姓，胙之土而命之氏。諸侯以字爲謚，因以爲族。官有世功，則有官族，邑亦如之。」非有功德，不能賜姓，故尚書堯典「平章百姓」，傳曰：「百姓，百官也。」堯典「辨章百姓，百姓昭明。」鄭注云：「百姓，群臣之父子兄弟。」詩小雅天保：「群黎百姓，遍爲爾德。」毛傳云：「百官族姓。」其二爲庶民，蓋以民不一姓，故以百表其多，論語顏淵有若對哀公云：「百姓足，君孰與不足？百姓不足，君孰與足？」論語憲問孔子答子路曰：「修己以安百姓。修己以安百姓，堯、舜其猶病諸。」此皆以百姓爲萬民也。論語爲弟子記録孔子之言，其中孔門師弟言「百姓」者，皆爲庶民之義，且此經「德教加於百姓」，上承「事親」，下接「形于四海」，是以百姓爲萬民也。

注云「形，見也，德教流行，見於四海，無所不通」者，感應章「孝悌之至，通於神明，光於四海，無所不通」，「形于四海」即「光於四海」也。四海，爾雅云：「九夷、八狄、七戎、六蠻，謂之四海。」詩蓼蕭疏引孙炎云：「海之言晦，晦闇於禮儀也。」御覽引舍人云：「晦冥無識，不可教晦，故曰四海。」鄭注周禮調人「凡和難，父之讎避諸海外」、周禮布憲「達於四海」，皆曰：「九夷、八蠻、六戎、五狄，謂之四海。」天子之德教，於百姓用「加」者，天子一人在萬民之上，風行草偃，故用「加」也。於四海用「形」者，天子之教化行于天下，四海蠻夷見其教而慕，近者悦，則遠者來，故用「形」也。

注云「蓋者，謙辭」者，禮運：「蓋歎魯也」，孔疏云：「言『蓋』者，謙爲疑辭。」與注義合。劉炫述議云：「或云：『夫子謙，故云蓋。』若以制作爲謙，於庶人亦當謙矣。若以名位爲謙，夫子嘗爲大夫，於士須何謙？而不云『此』乎。」劉炫引「或云」，即鄭義也。劉氏因孔傳解「蓋」爲「辜較之辭」，云「辜較猶梗概，大略之語也」，遂以之駁鄭注，然孔聖制作，可以貶天子、退諸侯，何須謙也？夫子名位，昔爲大夫，今爲民庶，何必謙也？鄭注以爲謙者，孝經夫子制作之書，必無辜較之辭。夫子之謙，尊有德，重有位也，雖以士之位卑，然爲有德之人，故夫子述其孝，猶重之稱「蓋」，而庶人之孝要在於養，故輕之惟稱「此」也。

注云「方制海內，謂之天子」者，漢書地理志：「昔在黃帝，作舟車以濟不通，旁行天下，方制萬里，畫壄分州，得百里之國萬區。」顏師古注云：「方制，制爲方域也。」漢書谷永傳云：「天生蒸民，不能相治，爲立王者以統理之，方制海內非爲天子，列土封疆非爲諸侯，皆以爲民也。」三國志魏書棧潛傳云：「天生蒸民而樹之君，所以覆燾羣生，熙育兆庶，故方制四海匪爲天子，裂土分疆匪爲諸侯也。」

注云「天子行孝，當如此章」者，邢疏云：「孝經援神契云：『天子孝曰就。』言德被天下，澤及萬物，始終成就，榮其祖考也。」舊唐書禮儀志履冰引援神契云：「天子孝曰就，就之爲言成也。天子德被天下，澤及萬物，始終成就，則其親獲安，故曰就也。」法琳辯正論云：「就者成也，言天子之孝，謂禹之德能盡力溝洫以成大功，菲食卑宫，故仲尼云『吾無間然』。」辯正論多存古義，此以天子之孝爲禹，乃據鄭君以開宗明義章「先王」爲「禹」言之。

甫刑云：『一人有慶，兆民賴之。』」甫刑，尚書篇名。云，言也。一人，天子。治要作「一人，謂天子。」土無二王，故言一人。慶，善也。賴，蒙也。億萬曰兆，天子曰兆民，諸侯曰萬民。五經算術上。嚴可均案：「甄鸞引此注，但云『從孝經注釋之』，今知鄭注者，隋書經籍志云：『周齊唯傳鄭氏。』」天子爲善，天下皆賴之。治要 不言尚書而言甫刑者何？伯2674寫本存「……者何尚書……也。」上注「大雅」有云：「不言詩而言雅者何？詩者通辭，雅者正也。方始發章，欲以正爲始。」故補入「不言尚書而言甫刑」。尚書録王事，故證天子之章，引譬連類，引類得象也。邢疏云：「鄭注以尚書録王事，故證天子之章，以爲引類得象。」邢疏蓋概括鄭意而言，非鄭注本文也。「引譬連類」四字見文選孫子荊爲石仲容與孫皓書注，明言「鄭玄孝經注」之文，故係於此。

【疏】「甫刑」至「賴之」董仲舒春秋繁露爲人者天：「傳曰：唯天子受命于天，天下受命于天子，一國則受命於君。君命順，則民有順命。君命逆，則民有逆命。故曰：『一人有慶，兆民賴之。』此之謂也。」爲人者天五則，引孝經者四，此雖引書，然上下皆解孝經，故此非解書之文，而乃解孝經引書之言也。

注云「甫刑，尚書篇名」者，皮疏云：「今文尚書作甫刑，古文尚書作呂刑。孝經之外，如禮記緇衣、史記周本紀、鹽鐵論詔聖、漢書刑法志、論衡非韓篇，鄭君引書説，趙岐注孟子，皆從今文，作甫刑。惟墨子從古文，作呂刑爲異。孝經本今文，鄭注孝經，亦從今文也。緇衣疏引鄭君孝經序曰：『春秋有呂國而無甫侯。』鄭意蓋以甫侯之國，其先稱甫，至春秋後始稱呂國。左氏傳曰：『子重請取於申、呂，以爲賞田』，是春秋後稱呂之證。詩揚之水曰：『不與我戍甫。』崧高曰：『生甫及申。』毛傳曰：『於周則有甫、有申。』鄭箋云：『周之甫也、申也。』『維申及甫』，鄭箋云：『申，申伯也。甫，甫侯也。』是其先稱甫之證。國語周語曰：『賜姓曰姜，氏曰有呂』，是呂其氏也，甫其國也。鄭語曰：『申、呂雖衰，齊、許猶在』，以呂爲國，與左傳言申、呂同。春秋時或以氏稱其國，或其國改稱呂，皆未可知。要在周初，其國當稱甫，不當稱呂，今文尚書作甫刑，爲得其實。邢疏引孔安國云：『後爲甫侯，故稱甫刑。』然則春秋有呂國，無甫侯，豈其先國名呂，而改稱甫，後又由甫而改稱呂乎？知不然矣。」皮疏是也。

注云「一人，天子，土無二王，故言一人」者，白虎通號篇言天子「或稱一人。王者自謂一人者，謙也，欲言己材能當一人耳。故論語曰：『百姓有過，在予一人。』臣下謂之一人何？亦所以尊王者也。以天下之大、四海之內，所共尊者一人耳。故尚書曰：『不施予一人。』」玉藻疏云：「天子與臣下言，及遣擯者接諸侯，皆稱『予一人』，言我於天下之内，但祇是一人而已。自謙退，言與餘人無異。若臣下稱『一人』，則謂率土之内，唯有此一人，尊之也。」邢疏亦云：「舊説天子自稱則言『予一人』。予，我也，言我雖身處上位，猶是人中之一耳，與人不異，是謙也。若臣人稱之，則惟言『一人』，言四海之内惟一人，乃爲尊稱也。」天子之謙稱者，禮記曲禮云：「君天下，曰『天子』。朝諸侯，分職授政任功，曰『予一人』。」玉藻云：「凡自稱，天子曰『予一人』。」故尚書湯誓「爾尚輔予一人，致天之罰，予其大賚汝。」國語周語引湯曰：「萬夫有罪，在予一人。」墨子兼愛引武王曰：「萬方有罪，維予一人。」臣下之尊稱者，如詩經烝民：「夙夜匪解，以事一人。」案：天子一人，與天子之爲爵稱相合。曲禮孔疏引五經異義云：「天子有爵不？易孟、京説，易有周人五號：帝，天稱，一也；王，美稱，二也；天子，爵號，三也；大君者，興盛行異，四也；大人者，聖人德備，五也。是天子有爵。古周禮説，天子無爵，同號於天，何爵之有？許慎謹案：春秋左氏云施於夷狄稱天子，施於諸夏稱天王，施於京師稱王。知天子非爵稱，同古周禮義。」鄭駁云：「案士冠禮云：『古者生無爵，死無謚。』自周及漢，天子有謚。此有爵甚明，云無爵，失之矣。」天子稱一人，自稱以謙則言才當一人耳，尊稱之則言當處衆人之上，何得同號於天？鄭君以天子爲爵稱，是也。

注云「億萬曰兆，天子曰兆民，諸侯曰萬民」者，禮記内則「後王命冢宰，降德於衆兆民。」鄭注云：「萬億曰兆，天子曰兆民，諸侯曰萬民。」與此注同。孔疏云：「『萬億曰兆』者，依如演算法，億之數有大小二法，其小數以十爲等，十萬爲億，十億爲兆也。其大數以萬爲等，萬至萬，是萬萬爲億，又從億而數至萬億曰兆，億億曰秭，故詩頌毛傳云：『數萬至萬曰億，數億至億曰秭。』兆在億秭之間，是大數之法。鄭以此據天子天下之民，故以大數言之。詩魏風刺在位貪殘，魏國褊小，不應過多，故以小數言之，故云『十萬曰億』。云『天子曰兆民，諸侯曰萬民』者，閔元年左傳文。周禮是天子之法，每云萬民者，據畿內言之，或可通稱也。鄭引此者，明天子、諸侯之異。經云『兆民』，互明天子也。』」

注云「天子爲善，天下皆賴之」者，邢疏云：「言天子一人有善，則天下兆庶皆倚賴之也。善則愛敬是也。一人有慶，結『愛敬盡於事親』已上也。兆民賴之，結『而德教加於百姓』已下也。」

注云「不言尚書而言甫刑者何？尚書録王事，故證天子之章，引譬連類，引類得象也」者，皮疏云：「鄭意經引詩、書爲譬況，皆以其類，由類得象。此章言天子之孝，故以書之録王事者證之。」劉炫述議釋開宗明義章「大雅云」，引「或稱」云：「雅者，正也。將論一篇之致，取其以正爲始。天子刑罰所由，故取呂刑爲證。」此云「天子刑罰所由，故取呂刑爲證」，正鄭注之意也。

諸侯章第三

【疏】邢疏云：「次天子之貴者諸侯也。」禮記王制：「王者之制禄爵，公、侯、伯、子、男。」孝經孝治章亦云：「昔者明王之以孝治天下也，不敢遺小國之臣，而況于公、侯、伯、子、男乎？」公、侯、伯、子、男，諸侯五等之爵也。王制云：「天子之縣內諸侯，禄也。外諸侯，嗣也。」爵有五等，獨稱「諸侯」者，邢疏云：「不曰諸公者，嫌涉天子三公也，故以其次稱爲諸侯，猶言諸國之君也。」皇侃云：「以侯是五等之第二，下接伯、子、男，故稱『諸侯』。」劉炫云：「侯者，候也，言爲王者伺候不虞。雖五等殊號，其伺候一也，故以『侯』爲總號耳。」孔疏王制「諸侯之上大夫卿」云：「此公、侯、伯、子、男，獨以侯爲名，而稱諸侯者，舉中而言。又爾雅侯爲君，故以侯言之。伯亦居中，不言諸伯者，嫌是東、西二伯，及九州之伯故也。」

在上不驕，高而不危，諸侯在民上，故言在上。寫本作「人」，治要作「民」，「人」爲避諱，故從治要。敬上愛下，謂之不驕，故居高位而不危殆也。新出寫本與傳世文獻舊輯相同者，不復言出處，下皆同。**制節謹度，滿而不溢。**費用儉約，謂之制節，奉行天子法度，謂之謹度，故能守法而不驕逸也。治要。新出寫本存「費用約儉謂之」六字。無禮爲驕，奢泰爲溢。邢疏有「無禮爲驕，奢泰爲溢」，釋文惟有「奢泰爲溢」，嚴本不採「無禮爲驕」，而臧本、洪本採之。考敦煌新出皇侃孝經鄭注義疏寫本於此有云：「滿而不溢……溢，因溢戒驕。無禮即是陵上虐下……」可見鄭注確有「無禮爲驕」，嚴本非也。

【疏】「在上」至「不溢」　漢書宣元六王傳漢元帝敕諭東平王劉宇云：「蓋聞親親之恩莫重於孝，尊尊之義莫大於忠，故諸侯在位不驕以致孝道，制節謹度以翼天子，然後富貴不離於身，而社稷可保。」是漢人舊誼，以「上」爲位。「在上不驕」可以屬親親，「制節謹度」可以屬尊尊也。

注云「諸侯在民上，故言在上」者，皮疏云：「天子、諸侯、卿大夫、士皆在民上。此章言諸侯之孝，故鄭專舉諸侯言之。」是也。

注云「敬上愛下，謂之不驕，故居高位而不危殆也」者，論語子路「君子泰而不驕」，鄭注云：「驕，謂慢人自貴。」自矜於貴則不能愛敬，而必惡慢，故不驕則能愛上敬下也。鄭注以天子章「愛親者不敢惡於人，敬親者不敢慢於人」通五等之孝，故此承天子章「愛」、「敬」而言也。天子章通言愛、敬，皆對親而言，而此專對上、下而言，故先言敬上，後言愛下。諸侯上有天子，下有卿大夫、士、庶民。能敬上愛下，則居諸侯之高位而不危殆也。

注云「費用儉約，謂之制節」者，賈子道術云「費弗過適謂之節」，易象傳云「節以制度，不傷財，不害民」是也。

注云「奉行天子法度，謂之謹度」者，邢疏引皇侃云：「謂宮室車旗之類，皆不奢僭也。」是也。

注云「無禮爲驕」者，論語學而「子貢問：『貧而無諂，富而無驕，何如？』子曰：『未若貧而樂道，富而好禮者也。』」無驕未必有禮，而驕必無禮也。

注云「奢泰爲溢」者，皮疏云：「廣雅釋詁二：『溢，盛也。』莊子人間世『夫兩喜必多溢美之言』注，文選東京賦『規摹踰溢』薛注，皆曰『溢，過也』。奢泰即過盛，故奢泰爲溢也。」

高而不危，所以長守貴。（刊本皆有「也」字，寫本皆無「也」字。）居高位而不驕，故能長守貴。（寫本作「居高位而不驕，故能長守富貴」，「富」字當衍。治要作「居高位而不驕，所以長守貴也」，經言「所以長守貴」，注言「故能長守貴」，於義爲通，且下句「長守富」注，治要作「雖有一國之財而不奢泰，故能長守富」，亦言「故能」而不言「所以」，故當從寫本。）**滿而不溢，所以長守富。**（刊本皆有「也」字，寫本皆無「也」字。）雖有一國之財而不奢泰，故能長守富。（治要。）

【疏】「高而」至「守富」。「高而不危」，以爵位言，故云「長守貴」。「滿而不溢」，以食禄言，故云「長守富」。

注云「居高位而不驕，故能長守貴」者，以上文云「在上不驕」，故此注解「不危」之驗也。

注云「雖有一國之財而不奢泰，故能長守富」者，禮記曲禮「問國君之富，數地以對，山澤之所出。」孔疏云：「『數地以對』者，數地廣狹對之也。『山澤之所出』者，又以魚、鹽、蜃、蛤、金、銀、錫、石之屬隨有而對也。」地、山澤之所出，即諸侯一國之財也。大戴禮記子張問入官云：「奢侈者，財之所以不足也。」管子八觀云：「國侈則用費，用費則民貧，民貧則姦智生，姦智生則邪巧作。故姦邪之所生，生於匱不足；匱不足之所生，生於侈；侈之所生，生於毋度。故曰：審度量，節衣服，儉財用，禁侈泰，爲國之急也。」

富貴不離其身，富能不奢，貴能不驕，故言不離其身也。治要「故言」作「故能」，無「也」字。「富貴不離其身」，承上而言，故鄭注復言「富能不奢，貴能不驕」，此即爲「富貴不離其身」，故此注「言」勝於「能」，當以寫本爲正。**然後能保其社稷，**上能長守富貴，然後乃能安其社稷。石濱純太郎抄本，今寫本存「社稷」二字。社謂后土也。句龍爲后土。周禮封人疏，禮記郊特牲正義。……功於人，故祭之。石濱純太郎抄本，今寫本存「……於人□祭之」。**而和其民人，**「民人」，伯3698作「民民」，其它寫本俱作「人民」，惟伯3274孝經鄭注義疏作「民人」，並云「民人言人者何？民是廣遠之稱，人是稍識仁義。」是唐寫本有作「民人」者，有作「人民」者。而呂氏春秋察微、白虎通社稷、群書治要所引皆作「民人」。今諸刊本亦皆作「民人」，故從「民人」。薄賦斂，省傜役，是以民人和也。治要。寫本「民人」作「人民」。**蓋諸侯之孝也。**列土封疆，謂之諸侯。周禮大宗伯疏。諸侯行孝，當如此章。下卿大夫章「蓋卿大夫之孝也」，注云：「張官設府，謂之卿大夫。卿大夫行孝，當如此章也。」士章「蓋士之孝也」，注云：「別是非，知義理，謂之爲士。士之行孝，當如此章。」庶人章「此庶人之孝也」，注云：「庶，衆也。衆人爲孝，當如此章。」皆先解其名，後言其行孝當如此章，故此必有「諸侯行孝，當如此章」之文也。

【疏】注云「富能不奢，貴能不驕，故言不離其身也」者，上經皆先言貴，後言富，此變其序，故鄭注亦先言富，後言貴也。然依序則爵位在先，禄食在後，故王制云：「位定然後禄之。」邢疏亦云：「經上文先貴後富，言因貴而富也，下覆之富在貴先者，此與易繫辭『崇高莫大乎富貴』，老子云『富貴而驕』，皆隨便而言之，非富合先於貴也。」邢疏是也。禮記曲禮云：「富貴而知好禮，則不驕不淫。」則「富能不奢，貴能不驕」，皆以禮爲斷也。諸侯居高位，有一國，而有不能守富貴，使富貴離其身者，以天子巡守，有黜陟之法也。王制云天子四方巡守：「覲諸侯，問百年者就見之。命大師陳詩以觀民風，命市納賈以觀民之所好惡，志淫好辟，命典禮考時月，定日同律，禮樂、制度、衣服正之。山川神祇有不舉者爲不敬，不敬者君削以地。宗廟有不順者爲不孝，不孝者君絀以爵。變禮易樂者爲不從，不從者君流。革制度衣服者爲畔，畔者君討。有功德於民者，加地進律。」此即天子以禮法進退諸侯也，其遭削地、絀爵、流、討之君，皆富貴離身，社稷不保也。白虎通考黜云：「諸侯所以考黜何？王者所以勉賢抑惡，重民之至也。尚書曰：『三載考績，三考黜陟。』」其三削黜陟之法，白虎通云：「百里之侯，一削爲七十里侯，再削爲七十里伯，三削爲寄公。七十里伯，一削爲五十里伯，再削爲五十里子，三削地盡。五十里子，一削爲三十里子，再削爲三十里男，三削地盡。五十里男，一削爲三十里男，再削爲三十里附庸，三削地盡。」

注云「上能長守富貴，然後乃能安其社稷」者，承上文「長守貴」、「長守富」言也。

注云「社謂后土也。句龍爲后土。……功於人，故祭之」者，大宗伯賈疏引援神契曰：「社者，五土之總神。稷者，原隰之神。五穀稷爲長，五穀不可遍敬，故立稷以表名。」白虎通社稷篇曰：「王者所以有社稷何？爲天下求福報功。人非土不立，非穀不食，土地廣博，不可偏敬也。五穀衆多，不可一一祭也，故封土立社，示有土也。稷，五穀之長，故立稷而祭之也。」此即鄭注之意也。然左氏所述，與此不同，左傳昭二十九年云：「共工氏有子曰句龍，爲后土。」「后土爲社。稷，田正也。有烈山氏之子曰柱，爲稷，自夏以上祀之。周棄亦爲稷，自商以來祀之。」國語魯語：「昔烈山氏之有天下也，其子曰柱，能殖百穀百蔬。夏之興也，周棄繼之，故祀以爲稷。共工氏之伯九有也，其子曰后土，能平九土，故祀以爲社。」祭法云：「是故厲山氏之有天下也，其子曰農，能殖百穀。夏之衰也，周棄繼之，故祀以爲稷。共工氏之霸九州也，其子曰后土，能平九州，故祀以爲社。」是故社稷之義，先儒解説不同。郊特牲疏引異義云：「今孝經説：稷者，五穀之長。穀衆多，不可徧敬，故立稷而祭之。古左氏説：列山氏之子曰柱，死祀以爲稷。稷是田正，周棄亦爲稷，自商以來祀之。謹案：『禮，縁生及死，故社稷人事之。既祭稷穀，不得但以稷米祭，稷反自食。同左氏義。』」鄭駁之云：『宗伯以血祭祭社稷、五祀、五嶽，社稷之神若是句龍、柱、棄，不得先五嶽而食。大司徒『五地之物』云：『一曰山林，二曰川澤，三曰丘陵，四曰墳衍，五曰原隰。』此五土地者，吐生萬物，養鳥獸草木之類，皆爲民利，有貢税之法，王者秋祭之，以報其功。大司樂『五變而致介物及土示』，土示，五土之總神，即謂社也。是以變原隰言土祇。六樂於土地無原隰而有土祇，則土祇與原隰同用樂也。詩信南山云：『畇畇原隰，曾孫田之。我疆我理，南東其畝。上天同雲，雨雪雰雰。益之以霢霂，既優既渥。既沾既足。生我百穀。疆場翼翼，黍稷彧彧。』原隰生百穀，稷爲之長。然則稷者，原隰之神。若達此義，不得以稷米自祭爲難。」又引異義云：「今孝經説曰：社者土地之主，土地廣博，不可徧敬，封五土以爲社。古左氏説，共工有子曰句龍，爲后土，后土爲社。許君謹案亦曰：『春秋稱公社，今人謂社神爲社公，故知社是上公，非地祇。』」鄭駁之云：「社祭土而主陰氣。又云：社者，神地之道，謂社神。但言上公，失之矣。今人亦謂雷曰雷公，天曰天公，豈上公也。」毛詩莆田疏云：「鄭駁異義以爲，社者五土之神，能生萬物者，以古之有大功者配之。」劉炫述議引異義而釋之云：「許慎五經異義載古春秋左氏説，社祭句龍，稷祭柱、棄。今孝經説，社爲土神，稷爲穀神。鄭玄以爲社者五土之總神，稷爲百穀之總神，其祭必用先王之官善於其事而死者配之。言句龍、后稷配食而已，其神非獨祭句龍、后稷也。」鄭君據援神契、白虎通，以爲社爲五土總神，句龍以有平水土之功，故配社祀之，稷爲原隰之神，稷以有播五穀之功，故配稷祀之。社、稷皆天神，非人鬼，而句龍、稷則人鬼配享社、稷而已。郊特牲孔疏云：「鄭必以爲此論者，案郊特牲云『社祭土而主陰氣』，又云『社所以神地之道』。又禮運云：『命降於社之謂殽地。』又王制云：『祭天地社稷，爲越紼而行事。』據此諸文，故知社即地神，稷是社之細別，別名曰稷，稷乃原隰所生，故以稷爲原隰之神。」而據左氏爲説者，郊特牲疏云：「賈逵、馬融、王肅之徒，以社祭句龍，稷祭后稷，皆人鬼也，非地神。」孔疏並録其辯難云：聖證論王肅難鄭云：「禮運云：『祀帝於郊，所以定天位。祀社於國，所以列地利。』社若是地，應云『定地位』，而言『列地利』，故知社非地也。」爲鄭學者馬昭之等通之云：「天體無形，故須云定位。地體有形，不須云定位，故唯云列地利。」肅又難鄭云：「祭天牛角繭栗，而用特牲。祭社用牛角尺，而用大牢。又祭天地，大裘而冕，祭社稷，絺冕，又唯天子。今庶民祭社，社若是地神，豈庶民得祭地乎？」爲鄭學者通之云：「以天神至尊，而簡質事之，故牛角繭栗而用特牲，服著大裘。天地至尊，天子至貴，天子祭社，是地之別體，有功於人，報其載養之功，故用大牢。貶降於天，故角尺也。祭用絺冕，取其陰類，庶人蒙其社功，故亦祭之，非是方澤神州之地也。」肅又難鄭云：「召誥『用牲于郊，牛二』，明后稷配天，故知二牲也。又云『社于新邑，牛一、羊一、豕一』，明知唯祭句龍，更無配祭之人。」爲鄭學者通之云：「是后稷與天，尊卑既別，不敢同天牲。句龍是上公之神，社是地祇之別，尊卑不甚縣絶，故云配同牲也。」肅又難鄭云：「后稷配天，孝經有配天明文，后稷不稱天也。祭法及昭二十九年傳云：『句龍能平水土，故祀以爲社。』不云祀以配社，明知社即句龍也。」爲鄭學者通之云：「后稷非能與天同功，唯尊祖配之，故云不得稱天。句龍與社同功，故得云『祀以爲社』，而得稱社也。」肅又難云：「春秋説『伐鼓於社』，責上公，不云責地祇，明社是上公也。又月令『命民社』，鄭注云：『社，后土也。』孝經注云：『后土，社也，句龍爲后土。』鄭記云『社，后土，則句龍也。』是鄭自相違反。」爲鄭學者通之云：「伐鼓責上公者，以日食，臣侵君之象，故以責上公言之。句龍爲后土之官，其地神亦名后土，故左傳云：『君戴皇天而履后土。』地稱后土，與句龍稱后土，名同而實異也。鄭注云『后土』者，謂地神也，非謂句龍也。故中庸云『郊社之禮』，注云：『社，祭地神。』又鼓人云『以靈鼓鼓社祭』，注云：『社祭，祭地祇也。』是社爲地祇也。」案：劉知幾列十二驗以駁孝經注非鄭所作，而云：「王肅注書，好發鄭短，凡有小失，皆在聖證，若孝經此注亦出鄭氏，被肅攻擊最應煩多，而肅無言，其驗十一也。」而上王肅明引鄭君孝經注，劉説疏失之甚也。續漢書祭祀志仲長統答鄭義之難，證鄭玄之正，文長不録。

注云「薄賦斂，省徭役」者，皮疏云：「鄭注云：『薄賦斂』者，賦與斂有別。周禮大宰鄭注云：『賦，謂口率出泉也。』又云：『賦，謂僱更之錢也。』大司馬注云：『賦，給軍用者也。』大司徒注云：『賦，謂九賦及軍賦。』小司徒注云：『賦，謂出軍徒，給徭役也。』是鄭意以賦屬軍賦，此注下有徭役，不必兼徭役言，但據軍用所出言之可也。説文、廣雅皆曰：『斂，收也。』是斂屬土地所收斂，孟子所謂『布縷之征，粟米之征』是也。云『省徭役』者，徭役，即孟子所謂『力役之征』是也。孟子曰：『君子用其一，緩其二。』此薄省之義。古者税用什一，用民之力，歲不過三日。鄭解此經，爲敬上愛下，奉天子法度，不奢泰，故以『薄賦斂，省徭役』爲言。」皮疏分析賦、斂、徭役甚明。論語公冶長「由也，千乘之國，可使治其賦也」，鄭注云：「賦，軍賦。」千乘之國即諸侯之大者，鄭解此賦爲軍賦，與此注相發明。

注云「是以民人和也」者，「民」與「人」分言，其義有别，如尚書皋陶謨云「知人則哲，能官人，安民則惠，黎民懷之」，論語學而云「節用而愛人，使民以時」，皆以民爲冥闇待教之庶民，以人爲稍識仁義之君子。「民」與「人」合言，則泛言下民，詩經桑柔「維此惠君，民人所瞻」，鄭箋云：「維至德順民之君，爲百姓所瞻仰者。」是鄭解「民人」爲百姓也。孟子滕文公上云：「后稷教民稼穡，樹藝五穀，五穀熟而民人育。」其意亦同。邢疏引皇侃解此「民人」云：「民是廣及無知，人是稍識仁義，即府史之徒。」然經傳之言「民人」，有對社稷者，左傳隱十一年云「禮，經國家，定社稷，序民人，利後嗣者也」，襄二十八年子大叔曰：「宋之盟，君命將利小國，而亦使安定其社稷，鎮撫其民人，以禮承天之休，此君之憲令，而小國之望也」，有對鬼神者，左傳昭十三年云「吾未撫民人，未事鬼神，未修守備，未定國家，而用民力，敗不可悔」，襄九年公子騑趨云：「使其鬼神不獲歆其禋祀，其民人不獲享其土利」，此皆泛言百姓，不必分言民與人之别，故皇疏、邢疏皆非也。經云「和其民人」，即開宗明義章所謂「民用和睦」也。

注云「列土封疆，謂之諸侯」者，荀子大略云：「天之生民，非爲君也，天之立君，以爲民也。故古者列地建國，非以貴諸侯而已，列官職，差爵禄，非以尊大夫而已。」白虎通封公侯云：「王者即位，先封賢者，憂人之急也。故列土爲疆，非爲諸侯，張官設府，非爲卿大夫，皆爲民也。」潛夫論三式云：「先王之制，繼體立諸侯，以象賢也。子孫雖有食舊德之義，然封疆立國，不爲諸侯，張官置吏，不爲大夫，必有功於民，乃得保位。」此注爲漢人習語也。所以封諸侯者，春秋繁露諸侯篇云：「古之聖人見天意之厚於人也，故南面而君天下，必以兼利之，爲其遠者目不能見，其隱者耳不能聞，於是千里之外，割地分民，而建國立君，使爲天子視所不見，聽所不聞，朝者召而問之也。諸侯之爲言猶諸候也。」白虎通封公侯云：「王者立三公、九卿、二十七大夫，足以教道照幽隱，必復封諸侯何？重民之至也。善惡比而易知，故擇賢而封之，以著其德，極其才。上以尊天子，備蕃輔，下以子養百姓，施行其道，開賢者之路，謙不自專，故列土封賢，因而象之，象賢重民也。」

注云「諸侯行孝，當如此章」者，邢疏云：「援神契云：『諸侯行孝曰度。』言奉天子之法度，得不危溢，是榮其先祖也。」舊唐書禮儀志履冰引援神契云：「諸侯孝曰度，度者法也。諸侯居國，能奉天子法度，得不危溢，則其親獲安，故曰度也。」法琳辯正論云：「度者，諸侯之孝，上奉天子，下率一國，守其法度，義無違犯。」

詩云：『戰戰兢兢，如臨深淵，如履薄冰。』」引詩自明，即孔子之謙。戰戰，恐懼。兢兢，寫本至此，后闕。戒慎。如臨深淵，恐墜。如履薄冰，恐陷。治要。明皇注云：「戰戰，恐懼。兢兢，戒慎。臨深恐墜，履薄恐陷。」邢疏云：「此依鄭注也。」義取爲君恒須戒懼。邢疏。石臺本、岳本作「恒須戒慎」，閩本、毛本、殿本皆作「恒須戒懼」。日藏覆卷子本唐開元御注孝經寫本作「恒慎戒懼也」。楊守敬日本訪書記言日藏本云：「此本『慎』爲『須』字之誤，至『戒懼』分承上『戰』、『兢』二項，玩注文自見，『懼』必非『慎』誤，此石臺本之不可從者。」

【疏】注云「引詩自明，即孔子之謙」者，下卿大夫章「非先王之法言不敢道」，鄭注云：「口言詩、書，非先王之法言，不合詩、書，則不敢道也。」是以詩、書爲「先王之法言」也。孝經稱引詩、書，即引先王之法言以自明，故云孔子之謙也。孔子引詩、書自明爲謙者，以孔子有聖人之德，制作法度，謙用前聖之言以明己意也。漢人多以孔子自知其聖，故作春秋以改制立法。白虎通爲兩漢十四博士之學，其聖人篇云：「聖人亦自知聖乎？曰：知之。孔子曰：『文王既沒，文不在茲乎。』」鄭君六藝論云：「孔子既西狩獲麟，自號素王，爲後世受命之君制明王之法。」素者空也，言孔子有德無位，故作一王之法以垂後世。論語述而載孔子曰：「甚矣吾衰矣，久矣吾不復夢見周公。」鄭注云：「孔子昔時，庶幾于周公之道，汲汲然常夢見之。末年以來，聖道既備，不復夢見之。今發此言者，懼倦志道，深自勉勵也。」述而又載孔子之言曰：「天生德於予，桓魋其如予何。」鄭注云：「天生德於予者，謂授我以聖性，欲使我制作法度。」鄭君注禮記中庸「仲尼祖述堯舜，憲章文武，上律天時，下襲水土」云：「此孔子兼包堯、舜、文、武之盛德而著之春秋，以俟後聖者也。」蓋鄭君以孔子爲制作之王，故援引先王之詩、書，即見孔子之謙也。

注云「戰戰，恐懼。兢兢，戒愼」者，邢疏云：「毛詩傳云：『戰戰，恐也；兢兢，戒也。』此注『恐』下加『懼』，『戒』下加『愼』，足以圓文也。」爾雅云：「兢兢、憴憴，戒也。」郭璞注云：「皆戒愼。」其注「兢兢」之義與鄭同。

注云「如臨深淵，恐墜。如履薄冰，恐陷」者，邢疏云：「亦毛詩傳文也。恐墜，謂如入深淵，不可復出；恐陷，謂沒在冰下，不可拯濟也。」

注云「義取爲君恒須戒懼」者，戒者戒愼，承「兢兢」而言。懼者恐懼，承「戰戰」而言。禮記中庸云：「是故君子戒愼乎其所不睹，恐懼乎其所不聞。」亦以「戒愼」與「恐懼」連用也。論語泰伯載曾子有疾，召門弟子曰：「啓予足，啓予手。」並引詩云：「戰戰兢兢，如臨深淵，如履薄冰。」鄭注云：「言此詩者，喻己常戒愼，恐有所毁傷。」左傳僖二十二年傳臧文仲曰：「國無小，不可易也。無備，雖衆不可恃也。詩曰：『戰戰兢兢，如臨深淵，如履薄冰。』」杜注云：「詩小雅。言常戒懼。」皆可與此注相發明。

卿大夫章第四

【疏】邢疏云：「次諸侯之貴者即卿大夫焉。」白虎通爵云：「卿之爲言章也，章善明理也。大夫之爲言大扶，扶進人者也。故傳曰：『進賢達能，謂之卿大夫也。』王制曰：『上大夫卿。』」董子繁露深察名號云：「號爲大夫者，宜厚其忠信，敦其禮義，使善大於匹夫之義，足以化也。」說苑修文亦云：「『進賢達能，謂之大夫。』」天子、諸侯各有卿大夫，王制云：「天子之卿視伯，天子之大夫視子男。」又云：「諸侯之上大夫卿、下大夫、上士、中士、下士，凡五等。」孔疏云：「上大夫即卿也。」

非先王之法服不敢服，先王制五服，嚴本「先王」前有「法服，謂」三字。天子服日、月、星辰，諸侯服山、龍、華蟲，陳鐵凡云：「寫本『辰』誤作『晨』。『蟲』作『虫』，俗省。」卿大夫服藻、火，士服粉米，皆謂文繡。田獵、戰伐、采藥、卜筮，冠皮弁，衣素積，積，寫本作「績」，釋文存「素積」。寫本誤也，皮疏云：「援神契、白虎通皆作『素幘』，此注作『素積』者，禮作『素積』，鄭注云：『積，猶襞也，以素爲裳，辟蹙其要中。』是不當爲巾幘之幘，故於此注別白之曰『衣素積』。」是故當從釋文，作「衣素積」。百王同之，不改易也。庶人雖富不服。此注現存寫本殘破，林秀一、陳鐵凡輯本皆用石濱抄，從之。

非先王之法言不敢道，口言詩、書，非先王之法言，不合詩、書，則不敢道也。治要存「不合詩書不敢道」。非先王之德行不敢行。禮以檢奢，樂以防淫。釋文存「禮以檢奢」，嚴可均云：「此下當有『樂以』云云，闕。」伯3274疏文有云：「禮以檢奢，奢華在外，故云禮以檢奢。樂以防淫，而淫泆在內，故云樂以防淫。」林秀一、陳鐵凡諸輯本皆據以補全鄭注，是也。不合禮樂，則不敢行。治要。

【疏】經云「先王」者，與開宗明義章解「先王」爲「禹」不同，此「先王」指本朝之先王也。禮記大傳言聖人受命以臨天下，「立權度量，考文章，改正朔，易服色，殊徽號，異器械，別衣服，此其所得與民變革者也。」一代有一代之服制、禮樂，故此「先王」謂本朝先王也。先服，後言，接行者，孟子告子下云：「子服堯之服，誦堯之言，行堯之行，是堯而已矣。子服桀之服，誦桀之言，行桀之行，是桀而已矣。」禮記表記云：「君子服其服，則文以君子之容。有其容，則文以君子之辭。遂其辭，則實以君子之德。是故君子恥服其服而無其容，恥有其容而無其辭，恥有其辭而無其德，恥有其德而無其行。」詩經都人士云：「彼都人士，狐裘黄黄。其容不改，出言有章。行歸於周，萬民所望。」此以服、言、行爲序者也。

注云「先王制五服，天子服日、月、星辰，諸侯服山、龍、華蟲，卿大夫服藻、火，士服粉米，皆謂文繡」者，謂冕服十二章，分爲五等。十二章者，初一曰日，次二曰月，次三曰星辰，次四曰龍，次五曰山，次六華蟲，次七曰火，次八曰宗彝，次九曰藻，次十曰粉米，次十一曰黼，次十二曰黻。諸物各有其意，王制孔疏云：「日、月、星辰，取其明。山者，安靜養物，畫山者必兼畫山物，故考工記云『山以章』。龍者，取其神化。龍是水物，畫龍必兼畫水，故考工記云『水以龍』。華蟲者，謂雉也。

取其文采，又性能耿介。必知華蟲是雉者，以周禮差之，而當鷩冕，故爲雉也。雉是鳥類，其頸毛及尾似蛇，兼有細毛似獸，故考工記云『鳥獸蛇』。」「宗彝者，謂宗廟彝尊之飾，有虎蜼二獸。虎有猛，蜼能辟害，故象之。不言虎蜼，而謂之宗彝者，取其美名。」「藻者，取其絜清有文。火者，取其明照烹飪。粉米，取其絜白生養。黼謂斧也，取其決斷之義。黻謂兩己相背，取其善惡分辨。」司服賈疏云：「然古人必爲日月星辰於衣者，取其明也。山取其人所仰，龍取其能變化，華蟲取其文理。」「宗彝者，據周之彝尊有虎彝、蜼彝，因於前代，則虞時有蜼彝、虎彝可知。若然，宗彝是宗廟彝尊，非蟲獸之號，而言宗彝者，以虎、蜼畫於宗彝，則因號虎、蜼爲宗彝，其實是虎、蜼也。但虎、蜼同在於彝，故此亦並爲一章也。虎取其嚴猛。蜼取其有智，以其卬鼻長尾，大雨則懸於樹，以尾塞其鼻，是其智也。藻，水草，亦取其有文，象衣上華蟲。火亦取其明。粉米共爲一章，取其絜，亦取養人。黼，謂白黑，爲形則斧文，近刃白，近上黑，取斷割焉。黻，黑與青，爲形則兩色相背，取臣民背惡向善，亦取君臣有合離之義、去就之理也。」衣服之數，經有異説，博士異義，伏鄭異解，遂致衆説歧異。推原經傳，原出既簡，王制孔疏言其始云：「衣服之制，歷代不同。按易繫辭云：『黄帝、堯、舜垂衣裳而天下治，蓋取諸乾坤。』玄衣法天，黄裳法地，故易坤六五『黄裳元吉』是也。衣裳從黄帝以來而有也。」尚書皋陶謨云：「天命有德，五服五章哉。」又引虞帝舜之言曰：「予欲觀古人之象，日月星辰山龍華蟲作會宗彝藻火粉米黼黻絺繡。以五采彰施於五色，作服，汝明。」書文至簡，伏生作大傳，其文不具，陳祥道禮書引其大概。若依大傳，文當斷爲「予欲觀古人之象，日月星辰，山龍、華蟲、作會宗彝、藻、火，粉米黼黻絺繡。」大傳云：「天子衣服，其文華蟲、作繢、宗彝、藻火、山龍。諸侯作繢、宗彝、藻火、山龍。子男宗彝、藻火、山龍。大夫藻火、山龍。士山龍。故書曰：『天命有德，五服五章哉。』」又云：「天子服五，諸侯服四，次國服三，大夫服二，士服一。」是五服爲五章也。然禮書引大傳云：「山龍，青也。華蟲，黄也。作繢，黑也。宗彝，白也。藻火，赤也。」隋書禮儀志引大傳則云：「山龍，純青。華蟲，純黄。作會宗彝，純黑。藻，純白。火，純赤。」陳祥道禮書分作繪、宗彝爲二，而合藻、火爲一，非也。皮錫瑞今文尚書考證云：「大傳當作『子男藻、火、山龍。大夫火、山龍。士，山龍。』乃合『次國服三，大夫服二，士服一』之義。」皮説是也。故以伏生之意，五服謂天子、諸侯、次國即子男之國、大夫、士五等，五章謂華蟲、作繢、宗彝、藻火、山龍。漢世書立歐陽、大小夏侯三家博士，其書不存。續漢書輿服志曰：「孝明皇帝永平二年初，詔有司采周官、禮記、尚書皋陶篇，乘輿從歐陽氏説，公卿以下，從大小夏侯氏説。」又曰：「乘輿備文，日月星辰十二章。三公、諸侯，用山龍九章。九卿以下，用華蟲七章。皆備五采。」後漢書明帝紀永平二年注引董巴輿服志亦云：「顯宗初服冕衣裳以祀天地。衣裳以玄上纁下，乘輿備文日月星辰十二章，三公、諸侯用山龍九章，卿已下用華蟲七章，皆五色采。」則歐陽家説，天子服日、月、星辰以下十二章，而大、小夏侯説，天子服無日、月、星辰，而章數以九、七爲節。皮錫瑞今文尚書考證云：「以五經次序而論，尚書應列周官之前，而明帝詔首舉周官，則當時必以周官爲重，故三家博士變今文尚書之師説以傅會周官。」皮説是也。冕服之説，成於鄭玄。鄭玄之解冕服，以周官爲本，糾合群經，使諸經之異義，轉成帝王之異制。尚書皋陶謨「五服五章」，王制疏引鄭注云：「五服，十二也、九也、七也、五也、三也。」孔疏释之云：「如鄭之意，九者謂公侯之服，自山而下。七也是伯之服，自華蟲而下。五也謂子男之服，自藻而下。三也卿大夫之服，自粉米而下。」皋陶謨冕服之文，若依鄭注當讀爲：「予欲觀古人之象，日、月、星辰、山、龍、華蟲，作會。宗彝、藻、火、粉米、黼、黻，絺繡。」釋文云：「會，馬、鄭作繪。」「鄭云：『宗彝，虎蜼。』」鄭以「會」爲「繪」，即畫也。王制疏解鄭意云：「日，一也。月，二也。星辰，三也。山，四也。龍，五也。華蟲，六也。此六者皆畫於衣，故言作會，以法於天。其數六者，法天之陽氣之六律也。宗彝，七也。藻，八也。火，九也。粉米，十也。黼，十一也。黻，十二也。此六者皆繡於裳，故云絺繡。絺，紩也。謂紩刺以爲繡文，以法地之陰氣六呂也。」尚書皋陶謨此文，鄭以爲既出皋陶，則是虞舜之法，故王制鄭注有云：「虞夏之制，天子服有日月星辰。」孔疏曰：「以皋陶謨云『予欲觀古人之象』，皋陶謨是虞夏之書，故云『虞夏之制』。」周官春官司服云：「王之吉服，祀昊天、上帝，則服大裘而冕，祀五帝亦如之。享先王，則衮冕。享先公、饗、射，則鷩冕。祀四望、山川，則毳冕。祭社稷、五祀，則希冕。祭群小祀，則玄冕。」鄭注云：「玄謂書曰：『予欲觀古人之象，日、月、星辰、山、龍、華蟲，作繢。宗彝、藻、火、粉米、黼、黻，希繡。』此古天子冕服十二章，舜欲觀焉。華蟲，五色之蟲。繢人職曰『鳥獸蛇雜四時五色以章之謂』是也。希讀爲絺，或作「黹」，字之誤也。王者相變，至周而以日、月、星辰畫於旌旗，所謂『三辰旂旗，昭其明也』。而冕服九章，登龍於山，登火於宗彝，尊其神明也。九章，初一曰龍，次二曰山，次三曰華蟲，次四曰火，次五曰宗彝，皆畫以爲繢。次六曰藻，次七曰粉米，次八曰黼，次九曰黻，皆希以爲繡。則衮之衣五章，裳四章，凡九也。鷩畫以雉，謂華蟲也，其衣三章，裳四章，凡七也。毳畫虎蜼，謂宗彝也，其衣三章，裳二章，凡五也。希刺粉米，無畫也，其衣一章，裳二章，凡三也。玄者衣無文，裳刺黻而已，是以謂玄焉。凡冕服皆玄衣纁裳。」王制疏引此文並釋之云：「鄭必知日月星辰畫於旌旗者，以司服王自衮冕而下，則衮服最尊，尚無日、月、星辰，故知日、月、星辰不在衣服，畫於旌旗也。知登龍於山者，依舊山在龍上。若不登龍，則衮冕不爲最尊，故知登龍於山也。知登火於宗彝者，若不登火，則五章之服，自藻而下，不得稱爲毳冕。若登火於宗彝之上，則五章自宗彝而下，與毳冕相當。然宗彝之下，有藻、火兩章，知不登藻，而必登火者，火有光明之盛。春秋傳云『火龍黼黻』，禮記『殷火周龍章』，是火貴於藻也，故知登火不登藻。自九章而下，以次相差，故知衮之衣五章，鷩衣、毳衣者三章，絺衣一章。衣法天，故章數奇。裳法地，章數偶。」鄭君博采群經，於皋陶謨、司服異義，既定皋陶謨所云爲虞制，司服所云爲周公法，故以異代之法説經書異義。其注其他經記，亦以此爲决。王制云：「制三公一命卷，若有加則賜也，不過九命。次國之君，不過七命。小國之君，不過五命。」鄭君見三公可至九命，則天子必加於三公，有日、月、星辰，故鄭注云：「虞夏之制，天子服有日、月、星辰。」王制下又云：「有虞氏皇而祭，深衣而養老。」鄭注云：「有虞氏十二章，周九章，夏、殷未聞。」是據尚書皋陶謨之言出於虞舜，故以十二章爲有虞氏之服制，然於夏，則此注云「未聞」，前注云總言「虞夏」，孔疏於「虞夏之制，天子服有日、月、星辰」下云：「按『有虞氏皇而祭之』下，注云『夏、殷未聞』，此云『虞夏之制，天子服有日、月、星辰』者，此云特謂虞舜與禹相接，事相關穿，故尚書堯、舜、禹之書謂之虞、夏書，伏生書傳有虞夏傳，以皋陶謨云『予欲觀古人之象』，皋陶謨是虞夏之書，故云『虞夏之制』，其實虞也。下文有虞、夏、殷、周四代並陳，故云『夏殷未聞』也。」案：鄭君考文辨禮，經書異義變而爲四代異制，經書得以成一整體。而孔疏更加考釋，彌合其說。然孔疏引鄭注皋陶謨「五服五章」之服制，又云：「與孝經注不同者，孝經舉其大綱，或云孝經非鄭注。」鄭注孝經，並不以孝經爲何代之法，不必與皋陶謨注同也。鄭注長於錯綜經文，互爲呼應。孝經此注云「先王制五服，天子服日、月、星辰，諸侯服山、龍、華蟲，卿大夫服藻、火，士服粉米」，此說十二章及其順序據皋陶謨，不據周官，爵制據王制。皋陶謨之「五服五章」，其序爲日、月、星辰、山、龍、華蟲、宗彝、藻、火、粉米、黼、黻，其爵之應，爲天子服日、月、星辰以下十二章，公侯服山、龍以下九章，伯服華蟲以下七章，小國即子、男服藻以下五章，卿大夫服粉米以下三章，以十二、九、七、五、三爲節。鄭君孝經此注，雖云「五服」，然惟天子、諸侯、卿大夫、士四等，后云「庶人雖富不服」，蓋此注之制，專解本經五等之孝，故雖云「先王制五服」，而下列惟四等。依此注，天子服日、月、星辰以下十二章，諸侯服山、龍、華蟲以下九章，卿大夫服藻、火以下五章，士服粉米以下三章，以之比於皋陶謨注，天子、諸侯同，孝經注無伯，蓋五等之孝惟泛言諸侯，不分國之大小也，無小國之君，有卿大夫，並有士之服。鄭君注孝經之所以異於皋陶謨者，正在孝經之制，一從王制。鄭君以孝經卿大夫、士二章，爲天子之卿大夫、士，非諸侯國之卿大夫、士，本章下引詩云：「夙夜匪懈，以事一人。」鄭注云：「一人，天子也。」是卿大夫爲天子之卿大夫，非列國之卿大夫也。士章「忠順不失，以事其上」，鄭注云：「上謂天子，君中最尊者也。」是士爲天子之元士，非列國之士也。天子之卿大夫、士之等級，王制云：「天子之卿視伯，天子之大夫視子、男，天子之元士視附庸。」爵同服同，故注云「卿大夫服藻、火」，即天子之大夫比於子男之國所服也。注云「士服粉米」，即據子、男之國所服，降殺以兩，而得服粉米以下三章，同於諸侯之卿大夫也。鄭注不據王制「天子之卿視伯」，而云「卿服華蟲」者，以此章名爲「卿大夫章」，合卿與大夫爲一，故注亦不分卿與大夫之服爲二也。先王制五服，鄭注舉其四，注家惑於其數，故敦煌皇侃疏云：「先王制五服：天子服日、月、星辰，諸侯服山、龍、華蟲，卿大夫服藻、火，士服粉米，四；就下田獵，为五。」非也。曹元弼孝經鄭氏注箋釋亦云：「上稱五服，下惟列四等者，鄭説書、周禮五服，據漢制，兼采歐陽、大、小夏侯書說，推明虞、周異同。而此注又酌取大傳之義，大傳云：『天子服五，諸侯服四，次國服三，大夫服二，士服一。』鄭彼注雖疑之，而此注諸侯中實兼含次國，分爲二等。蓋天子服日月以下十二章，諸侯服山龍以下九章，次國服華蟲以下七章，卿大夫服藻火以下五章，士服粉米以下三章。」亦非也。

注云「田獵、戰伐、采藥、卜筮，冠皮弁，衣素積，百王同之，不改易也」者，儀禮士冠禮疏引孝經緯云，皮弁、素積，「百王同之，不改易也。」鄭此注據孝經緯也。皮弁，白虎通紼冕云：「皮弁者，何謂也？所以法古至質，冠之名也。弁之爲言攀也，所以攀持其髪也。上古之時質，先加服皮以鹿皮者，取其文章也。」鄭注士冠禮「皮弁服」云：「皮弁者，以白鹿皮爲冠，象上古也。」太平御覽引三禮圖云：「皮弁，以鹿皮淺毛黄白色者爲之。」素積者，白虎通紼冕云：「素積者，積素以爲裳也，言腰中辟積，至質不易之服，反古不忘本也。」鄭注士冠禮「素積」云：「積猶辟也，以素爲裳，辟蹙其要中。」釋名釋衣服云：「素積，素裳也。辟積其要中，使蹙，因以名之也。」戰伐、田獵冠皮弁、衣素積者，白虎通紼冕云，皮弁素積之服，「戰伐、田獵，此皆服之」。皮疏云：「詩疏引孝經援神契曰：『皮弁素幘，軍旅也。』白虎通三軍篇曰：『王者征伐，所以必皮弁素幘何？伐者，凶事，素服示有悽愴也。伐者質，故衣古服。禮曰：三王共皮弁素幘，服亦皮弁素幘，又招虞人，亦皮弁。知伐亦皮弁。』據此，則今文家説以爲田獵、戰伐用皮弁素幘，招虞人即田獵之事。天子視朝，諸侯視朔，皆皮弁，卜筮或亦用之。鄭學宏通，注孝經即用援神契説，故與他經之注以爲戎服用韎韋衣裳者不同。」他經指周官司服云：「凡甸冠弁服，兵事韋弁服。」故曹元弼疏云：「竊謂此注約舉三代之禮，周制則田用冠弁服，兵士則韋弁服，不盡用皮弁。」鄭注孝經不從周官之制，此亦一例也。採藥所衣冠，經記無聞。卜筮冠皮弁，衣素積，若禮記祭義言孝子養蠶爲祭服以祀其先王先公，「及大昕之朝，君皮弁素積，卜三宫之夫人、世婦之吉者，使入蠶於蠶室，奉種浴于川，桑于公桑，風戾以食之」之類是也。士冠禮云：「三王共皮弁、素積。」鄭注云：「質不變。」郊特牲云：「三王共皮弁、素積。」鄭注云：「所不易於先代。」之所以冠皮弁，衣素積者，郊特牲孔疏云：「以其質素，故三王同服，無所改易也。」經記言「三王」，鄭注云「百王」者，士冠禮賈疏云：「此是三代之冠，百王同之，無別代之稱也。故郊特牲云『三王共皮弁』，注云『所不易於先代』。故孝經亦云：『百王同之，不改易也。』」若然，百王同之，言三王共者，以損益之極，極於三王。又上三冠亦據三代，故云『三王共皮弁』。其實先代後代皆不易，是以鄭云質不變也。」是也。

注云「庶人雖富不服」者，白虎通五刑云：「庶人雖有千金之幣，不得服。」冕服之法，尚書皋陶謨云「天命有德，五服五章哉」，是聖王之法，有其德乃有其位，有其位乃有其服也。白虎通衣裳云：「聖人所以制衣服何？以爲絺綌蔽形，表德勸善，别尊卑也。」漢書董仲舒傳董子云：「臣聞制度文采玄黄之飾，所以明尊卑、異貴賤，而勸有德也。」聖人制服，在明尊卑，故服制據爵位而定，庶人無位，故不服也。且服制乃禮也，聖人之法，不責庶人以無禮。曲禮云：「禮不下庶人。」孔疏云：「謂庶人貧，無物爲禮，又分地是務，不服燕飲，故此禮不下與庶人行也。白虎通云：『禮爲有知制，刑爲無知設。』禮謂酬酢之禮，不及庶人，勉民使至於士也。故士相見禮云『庶人見於君，不爲容進退走』是也。」經言庶人之服者，毛詩豐「衣錦褧衣，裳錦褧裳」，鄭箋云：「庶人之妻嫁服也。」是庶人有衣錦者，然不在冕服之中也。

注云「口言詩、書，非先王之法言，不合詩、書，則不敢道也。禮以檢奢，樂以防淫，不合禮樂，則不敢行」者，王制言造士之法云：「順先王詩、書、禮、樂以造士。春、秋教以禮、樂，冬、夏教以詩、書。王大子、王子、群后之大子，卿大夫、元士之適子，國之俊選，皆造焉。」卿大夫不世，故皆學以成之，而所學正在先王之詩、書、禮、樂，鄭君以王制解孝經，故以詩、書注「法言」，以禮、樂注

「德行」。王肅注經，與鄭立異，劉炫述議引王肅並駁之云：「王肅以『法言』爲詩、書、禮、樂，『法行』爲孝、友、忠、信。其意以詩、書、禮、樂有文可言，故屬之於『言』，豈復不可行乎？孝、友、忠、信爲行之體，故屬之於『行』，豈復不可道乎？皆是既言而後行之，無爲分配之也。」劉說是也。

是故非法不言，非道不行。非詩、書則不言。治要。寫本經文「不言非道不行」，二句相連，下接注文「非禮法則不行」，於「非法不言」無注，然治要明有「非詩、書則不言」，是釋「非法不言」者，疑寫本傳抄所漏，故繫於此。非禮、樂則不行。治要。寫本作「禮法」。與詩書相對，應爲「禮樂」。**口無擇言，**口言詩、書，有何可擇？**身無擇行，**身行禮、樂，有何可擇？此注寫本殘缺不可見，然上經文「非法不言，非道不行」，注云「非詩、書則不言，非禮樂則不行」，其語相對。且其下「言滿天下無口過，行滿天下無怨惡」，注亦相對。而此經文「口無擇言」，注云「口言詩、書，有何可擇」，則經文「身無擇行」，其注當爲「身行禮樂，有何可擇」也。陳鐵凡亦云：「依上文例，此疑亦有『身行禮樂，有何可擇』注語。」是也。**言滿天下無口過，**言詩、書滿天下，有何口過？**行滿天下無怨惡，**行禮、樂滿天下，有何怨惡？

【疏】注云「非詩、書則不言。非禮、樂則不行」者，承上「非先王之法言不敢道，非先王之德行不敢行」也。上云「非先王之德行不敢行」，此云「非道不行」，道者德行之所由，得之於內曰德，形之於外曰道。德性形於外，則爲禮樂之行，故鄭注云「非禮樂不行」。此與鄭注開宗明義章分「至德」爲「孝悌」，「要道」爲「禮樂」相合。董仲舒春秋繁露爲人者天云：「爲生不能爲人，爲人者天也。人之人本於天，天亦人之曾祖父也。此人之所以乃上類天也。人之形體，化天數而成；人之血氣，化天志而仁；人之德行，化天理而義。人之好惡，化天之暖清；人之喜怒，化天之寒暑；人之受命，化天之四時。人生有喜怒哀樂之答，春秋冬夏之類也。喜，春之答也；怒，秋之答也；樂，夏之答也；哀，冬之答也。天之副在乎人。人之情性有由天者矣。故曰受，由天之號也。爲人主也，道莫明省身之天，如天出之也。使其出也，答天之出四時而必忠其受也，則堯舜之治無以加。是可生可殺，而不可使爲亂。故曰：『非道不行，非法不言。』此之謂也。」董子之見與鄭注不同。

注云「口言詩、書，有何可擇？身行禮、樂，有何可擇」者，禮記表記引甫刑曰：「敬忌，而罔有擇言在躬。」鄭注云：「忌之言戒也。言己外敬而心戒慎，則無有可擇之言加於身也。」鄭以此「擇言」爲「可擇之言」也。大雅思齊「古之人無斁，譽髦斯士」，釋文云：「斁，鄭作『擇』。」鄭箋云：「古之人，謂聖王明君也。口無擇言，身無擇行，以身化其臣下，故令此士皆有名譽於天下，成其俊乂之美也。」是鄭據孝經以注思齊也。案：其言其行，有善有惡，有精有粗，方可擇也，若言合詩、書，行合禮、樂，則皆至善合宜，故無可擇也。「擇」字之義，清人之説不同。有據詩以爲「厭斁」之「斁」者，阮福孝經義疏補云：「二『擇』字當讀爲『厭斁』之『斁』，『厭斁』即詩所云『在彼無惡，在此無斁，庶幾夙夜，以永終譽』也。詩思齊：『古之人無斁，譽髦斯士。』鄭氏箋引孝經『口無擇言，身無擇行』以明之。釋文：『鄭作「擇」。』」此乃鄭讀孝經之『擇』爲『斁』，而漢時毛詩本有作『擇』者，故孔疏曰：『箋不言字誤也。』」有據尚書甫刑「敬忌，罔有擇言在身」，以爲「斁敗」之「斁」者，王引之經義述聞云：「『擇』讀爲『斁』。洪範『彝倫攸斁』，鄭注訓『斁』爲『敗』。説文：

『斁，敗也。』」引商書曰：「彝倫攸殬。」殬、斁、擇，古音並同。『敬忌，罔有擇言在身』，言必敬必戒，罔或有敗言出乎身也。表記引作『敬忌，而罔有擇言在躬』。而，女也。言女罔或有敗言出乎身也。太玄玄掜曰：『言正則無擇，行中則無爽，水順則無敗。無敗，故久也；無爽，故可觀也；無擇，故可聽也。』」法言吾子篇『君子言也無擇，聽也無淫，擇則亂，淫則辟。述正道而稍邪哆者有矣，未有述邪哆而稍正也。』然則邪哆之言，謂之擇言。故孝經云『非法不言，非道不行，口無擇言，身無擇行』也。蔡邕司空楊公碑曰：『用罔有擇言失行在於其躬。』擇言與失行並言，蓋訓擇爲敗也，此又一證矣。」蓋漢人解書，有以斁爲敗也。而皮疏以之解孝經，用王氏之例，並云：「鄭必解此經二「擇」字爲「斁敗」之「斁」矣。」其説非也。鄭箋思齊所引孝經之文，並解甫刑、表記「擇言」之義，及孝經此注，皆取「選擇」之「擇」，無異義也。論語先進：「子曰：『論篤是與，君子者乎？色莊者乎？』」何晏注云：「論篤者，謂口無擇言。君子者，謂身無鄙行。」是約孝經之文以注也，皇疏云：「擇者，除麤取好之謂也。論篤是言語並善，故復無可擇之言也。」「所行皆善，故無鄙惡也。」皇疏與鄭注孝經同。

三者備矣，然後能守其宗廟，法先王服，言先王道，行先王德，則爲備矣，治要。寫本脱「法先」二字，餘同。然後乃能守其宗廟。宗，尊也。廟，貌也。親雖亡沒，事之若生，寫本作「先」，筆誤也。爲作嚴可均云：「正義作『立』，今依釋文。」今寫本爲「作」，與釋文同。宮室，四時祭之，若見鬼神之容貌也。**蓋卿大夫之孝也。**張官設府，謂之卿大夫。寫本缺「張官設」三字，據禮記曲禮上正義補。卿大夫行孝，當如此章也。

【疏】「三者」至「孝也」　經上但云言、行，而此接以「三者」，皇侃云：「初陳教本，故舉三事。服在身外可見，不假多戒，言行出於內府難明，故須備言。最於後結，宜用總言，謂人相見，先觀容飾，次交言辭，後謂德行，故言三者以服爲先，德行爲後也。」

注云「法先王服，言先王道，行先王德，則爲備矣，然後乃能守其宗廟」者，上經言「非先王之法服不敢服」，故注云「法先王服」。經言「非先王之法言不敢道」，故注云「言先王道」。經云「非先王之德行不敢行」，故注云「行先王德」。

注云「宗，尊也。廟，貌也」者，皮疏云：「詩清廟序箋：『廟之言貌也。死者精神不可得而見，但以生時之居立宮室，象貌爲之耳。』祭法『王立七廟』注：『廟之言貌也。宗廟，先祖之尊貌也。』公羊桓二年傳注：『廟之爲言貌也。思想儀貌而事之。』釋名釋宮室：『廟，貌也。先祖形貌所在也。』廣雅釋言：『廟，貌也。』」

注云「親雖亡沒，事之若生，爲作宮室，四時祭之，若見鬼神之容貌也」者，皮疏云：「白虎通宗廟篇曰：『王者所以立宗廟何？曰生死殊路，故敬鬼神而遠之。緣生以事死，敬亡若事存，故欲立宗廟而祭之。此孝子之心，所以追養繼孝也。宗者，尊也；廟者，貌也。象先祖之尊貌也。所以有室何？所以象生之居也。』按：據此，釋文作「宮室」，不誤。御覽引王嬰古今通論曰：『周曰宗廟，尊其生存之貌，亦不死之也。』」云『四時祭之，若見鬼神之容貌』者，詩天保：『禴祠烝嘗。』周禮大宗伯：『以祠春享先王，以禴夏享先王，以嘗秋享先王，以烝冬享先王。』王制：『春曰禴，夏曰禘，秋曰嘗，冬曰烝。』又，『庶人春薦韭，夏薦麥，秋薦黍，冬薦稻。』案：諸經説祠、禴、禘不同，鄭君禘祫志曰：『王制記先王之法度，春曰禴，夏曰禘。周公制禮，又改夏曰禴，禘又爲大祭。』祭義注云『周以禘爲殷祭，更名春曰祠』是也。據王制，天子至庶人，皆有四時祭，則卿大夫有四時祭可知。玉藻曰：『凡祭，容貌顔色，如見所祭者。』祭義曰：『齊三日，如見其所爲。齊者，祭之。日入室，僾然必有見乎其位。周還出戶，肅然必有聞乎其容聲。出戶而聽，愾然必有聞乎其歎息之聲。』此若見鬼神容貌之義也。」中庸云：「事死如事生，事亡如事存。」祭義云：「文王之祭也，事死者如事生，思死者如不欲生。忌日必哀，稱諱如見親，祀之忠也。」又云孝子之祭，「進退必敬，如親聽命，則或使之也。」鄭注云：「言當盡己而已，如居父母前，將受命而使之。」論語八佾「祭如在」，皇疏云：「人子奉親，事死如事生，是如在。所以祭之日，思親居處笑語及所好樂嗜慾，事事如生存時也。」皆與鄭注相發。

注云「張官設府，謂之卿大夫」者，曲禮「五十曰艾，服官政」，孔疏云：「大夫得專事其官政，故曰『服官政』也。鄭康成注孝經云：『張官設府謂之卿大夫。』即此之謂也。」後漢書光武紀光武帝詔曰：「夫張官置吏，所以爲人也。」

注云「卿大夫行孝，當如此章也」者，邢疏云：「援神契云：『卿大夫行孝曰譽。』蓋以聲譽爲義，謂言行佈滿天下，能無怨惡，遐邇稱譽，是榮親也。」舊唐書禮儀志履冰引援神契云：「卿大夫孝曰譽，譽之爲言名也。卿大夫言行布滿，能無惡稱，譽達遐邇，則其親獲安，故曰譽也。」法琳辯正論云：「譽者，卿大夫之孝，勤德内省，一心事上，苟利社稷，無法不爲。鄰國傳芳，清猷自遠。」

詩云：「夙夜匪懈，以事一人。」詩者，直謂詩也。石濱抄本作「詩者，耳謂□也。」林秀一據士章注「詩者，直謂詩也」，改補之，是也。云，言也。夙，早也。夜，莫也。寫本至「早」字，下闕，據治要補。匪，非也。懈，墮也。華嚴音義二十。一人，天子也。卿大夫當早起夜臥，以事天子，勿懈墮。治要。

【疏】「詩云」至「一人」此詩大雅烝民也。

注云「詩者，直謂詩也。云，言也」者，以開宗明義章引詩，作「大雅云」，鄭注：「不言詩而言雅者何？詩者通辭，雅者正也。方始發章，欲以正爲始。」故此云「直謂詩也」。

注云「夙，早也。夜，莫也。匪，非也。懈，墮也。一人，天子也」者，鄭君詩箋云：「夙，早。夜，莫。匪，非也。一人，斥天子。」其説與此注同。

注云「卿大夫當早起夜臥，以事天子，勿懈墮」者，引詩斷章，詩云「一人」，鄭注詩、孝經皆以「一人」爲天子，則是詩之本義。此經引詩，本不必專指天子，然鄭此注特云「以事天子」，則是以爲此卿大夫章之卿大夫，爲天子之卿大夫，非諸侯之卿大夫也。邢疏引舊説云：「天子、諸侯，各有卿大夫。」又云：「此章既云言、行滿於天下，又引詩云：『夙夜匪懈，以事一人』，是舉天子卿大夫也。天子卿大夫尚爾，則諸侯卿大夫可知也。」邢疏是也。

士章第五

寫本俱作「士人章」，惟伯3274作「士章」，與刊本同。

【疏】邢疏云：「次卿大夫者，即士也。」說文云：「士，事也，數始於一，終於十，从一从十。孔子曰：『推十合一爲士。』」董仲舒春秋繁露深察名號云：「士者，事也。」白虎通爵云：「士者，事也，任事之稱也。」詩褰裳「豈無他士」、祈父「予王之爪士」，毛傳皆云：「士，事也。」詩園有桃「不知我者，謂我士也驕」，鄭箋云：「士，事也。」禮記祭統「作率慶士」，鄭注云：「士之言事也」。案：本章之名，唐寫本多作「士人章」，蓋以「士人」兼包士與庶人在官者，即府史之屬也。然經典所載，天子、諸侯、卿大夫、士、庶人並稱，而不必加「人」字也。禮記曲禮云：「天子穆穆，諸侯皇皇，大夫濟濟，士蹌蹌，庶人僬僬。」又云：「天子之妃曰后，諸侯曰夫人，大夫曰孺人，士曰婦人，庶人曰妻。」又云：「天子死曰崩，諸侯曰薨，大夫曰卒，士曰不祿，庶人曰死。」左傳桓二年傳云：「故天子建國，諸侯立家，卿置側室，大夫有貳宗，士有隸子弟，庶人工商各有分親，皆有等衰。」周禮春官大宗伯云：「孤執皮帛，卿執羔，大夫執雁，士執雉，庶人執鶩，工商執雞。」是當以「士章」之名爲正也。

資於事父以事母而愛同，資者，人之行也。治要。寫本無「也」字。事父與母，愛同敬不同也。治要。寫本作「事父與母同愛不同」，抄録誤也。**資於事父以事君而敬同。**事父與君，敬同愛不同。治要。寫本存「愛不同也」。

【疏】「資于」至「敬同」敦煌本義疏云：「士始升朝，離親辭愛，聖人所難，以義斷恩，物情不易，故曰士升朝也。」邢疏云：「言士始升公朝，離親入仕，故此敍事父之愛敬，宜均事母與事君，以明割恩從義也。」禮記喪服四制云：「門内之治恩揜義，門外之治義斷恩。」孔疏云：「『門内之治恩揜義』者，以門内之親，恩情既多，揜藏公義，言得行私恩，不行公義。」「『門外之治義斷恩』者，門外，謂朝廷之間。既仕公朝，當以公義斷絶私恩。」士出仕爲政，故割恩從義也。注云「資者，人之行也」者，資字之義，訓詁不一。公羊傳定四年何注云：「孝經曰：『資於事父以事君而敬同。』本取事父之敬以事君。」徐彦疏引孝經疏云：「何氏之意，以資爲取，與鄭異。鄭注云『資者，人之行也』。注四制云『資，猶操也』。然則言『人之行』者，謂人操行也。」公羊昭十五年傳何休注引「資於事父以事君而敬同」，徐疏云：「何氏之意，以資爲取，言取事父之道以事君，所以得然者，而敬同故也。以此言之，則何氏解孝經，與鄭稱同，與康成異矣。云云之説，在孝經疏。」又，敦煌孝經義疏云：「解鄭意：人不生則已，既生則以行業爲資。劉先生以爲資用之資，王肅以爲資取之資。夫資取用俱歸其一也。」案：劉先生即劉瓛也。皮疏云：「鄭注考工記、喪服傳、明堂位、表記、書大傳，皆云：『資，取也。』此不同何氏訓『取』者，鄭意蓋以經之下文乃言『母取其愛，君取其敬』」，此不當先以『取』言也。」皮説是也。注云「事父與母，愛同敬不同也」者，喪服四制引此經文，孔疏云：「『資於事父以事君而敬同』者，言操持事父之道以事於君，則敬君之禮與父同。」注云「事父與君，敬同愛不同」者，鄭玄駁五經異義云：「孝經『資於事父以事君』，言能爲人子，乃能爲人臣也。」喪服四制引此經文，孔疏云：「『資於事父以事母而愛同』者，言操持事父之道以事於母，而恩愛同。」其解得鄭義矣。

故母取其愛，不取其敬。**而君取其敬，**不取其愛。**兼之者父也。**兼，並也。愛與母同，敬與君同，並此二者，事父之道。治要作「兼此二者」，末加「也」字。

【疏】注云「不取其敬」、「不取其愛」者，上文以「資」爲「人之行」，是述事父與事母同愛，事父與事君同敬，然嫌不知取事母與事君而合爲事父，或取事父而分爲事母與事君，故此言事母取其愛而不取其敬，事君取其敬而不取其愛，明事父在先，愛敬雙極，事母、事君皆取於事父也。注云「兼，並也。愛與母同，敬與君同，並此二者，事父之道」者，鄭君以父兼愛敬，母取其愛，君取其敬，此父子、君臣立義之大本也。案：經典所述，愛敬、尊親不同。禮記表記云：「今父之親子也，親賢而下無能。母之親子也，賢則親之，無能則憐之。母親而不尊，父尊而不親。」鄭注：「或見尊或見親，以其嚴與恩所尚異也。」表記「父尊而不親」，與此經云「兼之者父也」者微異。孝經言父兼愛敬，表記言尊父親母，此經、記之别，經從天道，記述人情也。從天道以制法，故雖本人情而不止於從人情。儀禮喪服爲父之服，經曰「父」，「傳曰：爲父何以斬衰也？父至尊也。」子爲父服斬衰三年也。爲母之服視父，經曰「父卒則爲母」，賈疏云：「父卒三年之内而母卒，仍服期，要父服除後而母死，乃得伸三年。」是父卒服除，爲母服齊衰三年也。經曰「父在爲母」，「傳曰：何以期也？屈也。至尊在，不敢伸其私尊也。」是父在，爲母服齊衰期也。此經之制也，而禮記喪服四制申其義云：「其恩厚者其服重，故爲父斬衰三年，以恩制者也。門内之治恩揜義，門外之治義斷恩。資於事父以事君，而敬同，貴貴尊尊，義之大者也。故爲君亦斬衰三年，以義制者也。」又云：「資於事父以事母，而愛同。天無二日，土無二王，國無二君，家無二尊，以一治之也。故父在爲母齊衰期者，見無二尊也。」大戴禮記本命文略同。禮記檀弓：「事親有隱而無犯，左右就養無方，服勤至死，致喪三年。事君有犯而無隱，左右就養有方，服勤至死，方喪三年。」鄭注云：「方喪，資於事父。」此皆以孝經之義定喪服也。案：禮記出於七十二子之後，喪服四制爲解喪服之作，而明引此文，則孝經在其先也。又，春秋定四年經：「冬，十有一月，庚午，蔡侯以吴子及楚人戰于伯莒。」經稱吴爲子，以其憂中國，事則爲吴王闔閭助伍子胥復讎，故公羊傳云：「事君猶事父也，此其爲可以復讎奈何？曰：父不受誅，子復讎可也。」何休解云：「孝經曰：『資於事父以事君而敬同。』本取事父之敬以事君，而父以無罪爲君所殺。諸侯之君與王者異，於義得去，君臣已絶，故可也。」而春秋莊元年經：「三月，夫人孫于齊。」

文姜與齊侯弑桓公，莊公即位，公羊傳云：「夫人固在齊矣，其言『孫于齊』何？念母也。」又云：「念母者，所善也，則曷爲於其念母焉貶？不與念母也。」注云：「念母則忘父，背本之道也。」又云：「蓋重本尊統，使尊行於卑，上行於下。貶者，見王法所當誅。至此乃貶者，並不與念母也。又欲以孫爲內見義，明但當推逐去之，亦不可加誅，誅不加上之義。」是以貶辭見文姜爲王法所當誅，而莊公不當念之，亦不當誅之。故定四年何注云：「孝經云：『資於事父以事母。』莊公不得報讎文姜者，母所生，雖輕於父，重於君也。易曰：『天地之大德曰生。』故得絶，不得殺。」此以孝經之義定春秋之法也。孝經此義，可以定喪服之制、春秋之法，此即鄭玄六藝論所謂「故作孝經以總會之」之意也。

故以孝事君則忠，移事父孝以事於君，則爲忠矣。寫本、明皇注引鄭注同，治要「矣」作「也」。**以敬事長則順。**移事兄敬以事於長，則爲順矣。治要。寫本誤作「移事父孝以事於長，則为忠矣」。**忠順不失，以事其上，**今文孝經經文白文寫本多作「可以事上」，然寫本鄭注、義疏皆作「以事其上」，刊本亦同，故從之。事君忠，事長順，二者不失，可以事上。治要作「事君能忠，事長能順，二者不失，可以事上也」。上謂天子，君中最尊者也。「中」，寫本原作「忠」，林秀一、陳鐵凡皆言應爲「中」，是也。

【疏】注云「移事父孝以事於君，則爲忠矣」者，廣揚名章云：「君子之事親孝故忠，可移於君。」可與此經注相發明。邢疏引舊説云：「入仕本欲安親，非貪榮貴也。若用安親之心，則爲忠也。若用貪榮之心，則非忠也。」禮記昏義：「父子有親，而後君臣有正。」鄭注云：「言子受氣性純則孝，孝則忠也。」呂氏春秋孝行覽云：「人臣孝則事君忠。」高誘注：「孝於親，故能忠於君。」案：卿士不世，民學而秀者，四十強而進於士，爲士之前，事父之孝學而行之，事君之忠學而未行。故割恩從義之後，移事父之孝，取其敬而不取其愛，以事於君，則自然爲忠矣。此非視父爲君，亦非移孝作忠也。「忠」之義，論語學而云：「爲人謀而不忠乎？」季氏又曰：「言思忠。」禮記禮器云：「喪禮，忠之至也。」祭義云：「祀之忠也，如見親之所愛，如欲色然。」左氏春秋云：「公曰：『小大之獄，雖不能察，必以情。』對曰：『忠之屬也。』」郭店楚簡：「魯穆公問於子思曰：『何如而可謂忠臣？』子思曰：『恒稱君之惡者，可謂忠臣矣。』」許慎説文解字云：「忠，敬也，盡心曰忠。」楊倞荀子禮論注曰：「忠，誠也。誠、實義同。誠心以爲人謀謂之忠，故臣之於君，有誠心事之，亦謂之忠。」君臣義合，臣之忠者，誠其心而謹其事也。孝子因事父而知敬，出仕而敬其君，因敬而行其禮，則自然爲忠也。

注云「移事兄敬以事於長，則爲順矣」者，廣揚名章云：「事兄悌故順，可移於長。」與此經注相發明，亦以事兄知悌，故出仕爲政之後，以其悌德事長，故能順也。邢疏云：「注不言『悌』而言『敬』者，順經文也。左傳曰：『兄愛弟敬。』又曰：『弟順而敬。』則知悌之與敬，其義同焉。」「長」者，敦煌義疏云：「長者，長於己也。長己有二：一則卿大夫官勝於士，二則卌爲士，五十爲大夫，年亦長士也。若移事兄悌，以事朝廷之長，則並爲順序。」

注云「事君忠，事長順，二者不失，可以事上，上謂天子，君中最尊者也」者，上言事君忠，事長順，此言「忠順不失，以事其上」，鄭君解「上」，探其文意，則「上」與「君」、「長」不同，故析之爲三，以「上」屬君、長以上之天子。儀禮喪服斬衰章：「諸侯爲天子。傳曰：天子至尊也。」賈疏云：「此天子不兼餘君，君中最尊上。」則天子在餘君之上也。唐明皇御注云：「能盡忠順以事君長。」以「上」爲「君長」，則「忠順不失，以事其上」一句爲贅辭矣。鄭注探經文取義，至爲精審，且卿大夫章爲天子之卿大夫，則士章爲天子之元士也。據禮記王制篇，有天子之士，有諸侯之士，王制言天子之士稱元士，天子有八十一元士。諸侯之士，大國、次國、小國之上士皆二十七人。王制以天子之士獨稱元士，故云：「天子之元士視附庸」，「天子之元士，諸侯之附庸，不與。」鄭注云：「元，善也。善士謂命士也。」孔疏云：「按易文言云『元者，善之長也』，故元爲善也。按周禮注『天子上士三命，中士再命，下士一命』，故云『善士謂命士』，則上中下之士，皆稱元士也。天子之士所以稱元者，異於諸侯之士也。」白虎通爵云：「天子之士獨稱元士何？士賤，不得體君之尊，故加元以別於諸侯之士也。」此注云「上謂天子」，則此章專指元士而言也，而章名惟稱「士章」者，以元士之孝如此，諸侯之士孝可知也。邢疏云：「此直言士，則諸侯之士。前言大夫，是戒天子之大夫，諸侯之大夫可知也。此章戒諸侯之士，則天子之士亦可知也。」案：邢疏非也。邢疏據元行沖疏略加校對而成，明皇注經，皆泛言其理，不探典制，於卿大夫、士皆不加分別，而元疏得見鄭注，故頗能留意天子之卿大夫、士與諸侯之卿大夫、士之別，而於鄭注、明皇注依委調停，然終不合經義。

然後能保其禄位，而守其祭祀，内孝父母，外順君長，然後乃能安其禄位，而守其祭祀。食廩曰禄，（釋文作「食稟爲禄」。陳鐵凡云：「稟，廩古今字。」）居官曰位。始爲曰祭，繼世曰祀也。（釋文存「始爲曰祭」，嚴可均讀爲「始爲日祭」，皮錫瑞從之，遂窮盡墳典，考證「日祭」之禮，然終不合經注之義。伯3274號鄭注疏文有云：「注云『始爲曰祭，繼世爲祀』者，言一世爲士，謂之爲祭；係世爲士，謂之爲祀。」可補全注文。）**蓋士之孝也。**别是非，知義理，謂之爲士。士之行孝，當如此章。

【疏】注云「内孝父母，外順君長，然後乃能安其禄位，而守其祭祀」者，順經文言也。以「孝父母」爲内，「順君長」爲外，正合「門内之治恩揜義，門外之治義斷恩」之義也。論語子罕「出則事公卿，入則事父兄」，論語陽貨「邇之事父，遠之事君」，皆可與此相發。敦煌孝經義疏云：「禄位是公，故云保。祭祀是私，故云守也。士亦有廟，而云祭祀，避大夫也。又，諸侯及卿大夫，唯云社稷宗廟，不言禄位，而士帶言者，士始升朝，既而始有禄位，故帶言，大夫諸侯從可知。」

注云「食廩曰禄，居官曰位」者，詩經周南疏引援神契云：「禄者，録也。取上所以敬録接下，下所以謹録事上。」白虎通京師云「禄者，録也。上以收録接下，下以名録謹以事上。」士之食禄，王制云：「諸侯之下士視上農夫，禄足以代其耕也。中士倍下士，上士倍中士。」孟子云：「上士倍中士，中士倍下士，下士與庶人在官者同禄，禄足以代其耕也。」位，王制言選舉之法云：「任事，然後爵之。位定，然後禄之。」則位即爵位也。禮記學記：「凡學，官先事，士先志。」官以事言，位以爵言，任以事，然後定爵位，得食禄也，故云「居官曰位」也。周禮天官大宰云：「四曰禄位，以馭其士。」鄭注云：「禄，若今月奉也。位，爵次也。」與此注相證。

注云「始爲曰祭，繼世曰祀也」者，「始爲曰祭」謂父爲庶民，子始爲士者也。王制論選舉之法云：「命鄉論秀士，升之司徒，曰選士。司徒論選士之秀者而升之學，曰俊士。升於司徒者不征於鄉，升於學者不征於司徒，曰造士。」「大樂正論造士之秀者，以告于王，而升諸司馬，曰進士。」又云：「司馬辨論官材，論進士之賢者，以告於王，而定其論。論定，然後官之。任官，然後爵之。位定，然後禄之。」是古有選舉之法，庶民之子有德行才藝者，可以升爲士也。王制又論廟制：「士一廟，庶人祭於寢。」是庶人無廟，祭於寢，士以上方可以立廟也。祭祀之法，王制云：「喪從死者，祭從生者。」盧植注云：「從生者，謂除服之後，吉祭之時，以子孫官禄祭其父祖。」白虎通爵篇云：「王制曰：『葬從死者，祭從生者。』所以追孝繼養也。葬從死者何？子無爵父之義也。」是喪從死者，死者庶人則庶人，死者士則士，而祭從生者，生者庶人則祭於寢，生者士則立廟祭之也。中庸云：「父爲大夫，子爲士，葬以大夫，祭以士。父爲士，子爲大夫，葬以士，祭以大夫。」此即「喪從死者，祭從生者」之意也。是故子升爲士，父爲庶人，父死，喪從庶人，祭從士，可以立廟以祭之，故云「始爲曰祭」也。

「繼世曰祀」，鄭注周禮秋官大行人「世相朝也」云：「父死子立曰世。」是必有德有位相繼，方謂之世。據王制學校之法，「王大子、王子、群后之大子，卿大夫、元士之適子，國之俊選，皆造焉。」元士之適子亦入太學，士不失忠順，則能累世祀其宗廟也，故云「繼世曰祀」也。敦煌孝經義疏云：「注云『始爲曰祭，繼世爲祀』者，言一世爲士，謂之爲祭，系世爲士，謂之爲祀。所以然者，祭者際也，亦察也。祀，似也。言始得爲士，由德明察，繼世爲士，似象不絶。一解云：父子曰祭，自祖以上曰祀。所以然者，祭者際也，父子相接，故曰祭也。祀之言不已也，自祖以上，相傳不已也。」注云「別是非，知義理，謂之爲士」者，白虎通辟雍云：「學之爲言覺也。以覺悟所不知也。故學以治性，慮以變情。故玉不琢不成器，人不學不知義。」士之所以爲士，以有學而知義理也。孝治章「而況於士民乎」，邢疏引舊解云：「士知義理。」論語子張「士見危致命。」皇疏云：「士者，知義理之名。」蓋士學而後知義理也。春秋繁露服制像云：「夫能通古今，別然否，乃能服此也。」即謂士也。白虎通爵引傳曰：「通古今，辯然否，謂之士。」説苑修文篇：「辯然否，通古今之道謂之士。」與此注相發。

注云「士之行孝，當如此章」者，邢疏引援神契云：「士行孝曰究。」以明審爲義，當須能明審資親事君之道，是能榮親也。舊唐書禮儀志履冰引援神契云：「士孝曰究，究者以明審爲義。士始升朝，辭親入仕，能審資父事君之禮，則其親獲安，故曰究也。」法琳辯正論云：「究者，盡也，士者事也，能辯然否，以效一官，審德正務，忠順不失，竭誠盡事，厥志匪移。」

詩云：「夙興夜寐，無忝爾所生。」詩者，直謂詩也。云，言也。夙，早也。興，起也。夜，暮。寐，臥。忝，辱。（治要作「辱也」。）所生，謂父母。言士爲孝，當早起夜臥，無辱其父母也。而言所生者何？士（「士」寫本原作「事」，陳鐵凡云「事當爲士之譌」，是也。）知義理，則知父母己所從生也。

注云「詩者，直謂詩也」者，與卿大夫章釋同。本篇出自詩經小雅小宛。

【疏】注云「忝，辱」者，毛傳：「忝，辱也。」與此注同。孔疏曰：「故當早起夜卧行之，無辱汝所生之父祖已。」

注云「所生，謂父母」者，邢疏云：「下章云『父母生之』是也。」

注云「言士爲孝，當早起夜卧，無辱其父母也」者，結引詩之義。王符潛夫論讚學云：「詩云：『題彼鶺鴒，載飛載鳴。我日斯邁，而月斯征。夙興夜寐，無忝爾所生。』是以君子終日乾乾進德修業者，非直爲博己而已也，蓋乃思述祖考之令問，而以顯父母也。」潛夫論爲魯詩之義，而其意與此同。曾子立孝篇曰：「『夙興夜寐，無忝爾所生』，言不自舍也。」

注云「而言所生者何？士知義理，則知父母己所從生也」者，謂士學然後知己為父母所生，乃能行孝於父母。董仲舒對策云：「孔子曰：『天地之性人為貴。』明於天性，知自貴於物。知自貴於物，然後知仁誼。知仁誼，然後重禮節。重禮節，然後安處善。安處善，然後樂循理。樂循理，然後謂之君子。」董子之言君子，亦以知自貴於物而終為君子也。

庶人章第六

【疏】邢疏云：「庶者，衆也，謂天下衆人也。皇侃云：『不言衆民者，兼包府史之屬，通謂之庶人也。』嚴植之以爲：『士有員位，人無限極，故士以下皆爲庶人。』」白虎通爵篇云：「庶人稱匹夫者，匹，偶也。與其妻爲偶，陰陽相成之義也。一夫一婦成一室。明君人者不當使男女有過時無匹偶也。」

用(嚴可均輯本據治要，前有「子曰」，「用」作「因」，并云：「余蕭客所見影宋蜀大字本亦有『子曰』，亦作『因』。」今新出寫本經文多同刊本。)天之道，春生，夏長，秋收，冬藏，順四時以舉，言天之道也。(「舉言」二字今殘破，此據石濱抄本，治要作「順四时以奉事天道」。陳鐵凡糾合抄本、治要，作「順四时舉，事天之道也」。)分地之利，(敦煌寫本作「桑棗」，太平御覽卷三十六作「丘陵坂險，宜種棗栗」。」初學記卷五作「丘陵坂險，宜種棗栗」。釋文作「丘陵坂險，宜棗棘」，並云：「本作『宜種棗棘』，自『丘陵』至「棘」，本今無」。)分別五土，視其高下，若高田宜黍稷，下田宜稻麥。丘陵坂險，宜種棗栗。此分地之利。

【疏】注云「春生，夏長，秋收，冬藏，順四時以舉，言天之道也」者，史記太史公自序引司馬談論六家要旨云：「夫春生，夏長，秋收，冬藏，此天道之大經也，弗順則無以爲天下綱紀。」董仲舒春秋繁露人副天數云：「春生夏長，百物以興，秋殺冬收，百物以藏。」禮記鄉飲酒義云：「春之爲言蠢也，産萬物者聖也。夏之爲言假也，養之長之假之，仁也。秋之爲言愁也，愁之以時，察守義者也。冬之爲言中也，中者藏也。」史記龜策列傳云：「故令春生夏長，秋收冬藏。」賈思勰齊民要術耕田篇引魏文侯曰：「民春以力耕，夏以強耘，秋以收斂。」魏文侯有孝經傳，朱彝尊經義考、余蕭客古經解鉤沉、馬國翰玉函山房輯佚書、皮錫瑞孝經鄭注疏皆以是語爲孝經傳佚文，然淮南子人間訓載魏文侯答西門豹之言云：「民春以力耕，暑以強耘，秋以收斂。冬閒無事，以伐林而積之，負軛而浮之河，是用民不得休息也。民以敝矣。」是齊民要術本諸淮南子也，故不可以此文出自孝經傳。然其爲古説則不可易也。邢疏云：「爾雅釋天云：『春爲發生，夏爲長毓，秋爲收成，冬爲安寧。』安寧即藏閉之義也。」是故「春生，夏長，秋收，冬藏」爲成語也。其順四時之舉，邢疏云：「舉農畝之事，順四時之氣，春生則耕種，夏長則耘苗，秋收則穫刈，冬藏則入廩也。」是也。

注云「分別五土，視其高下，若高田宜黍稷，下田宜稻麥。丘陵坂險，宜種棗栗。此分地之利」者，邢疏云：「周禮大司徒云：『五土：一曰山林、二曰川澤、三曰丘陵、四曰墳衍、五曰原隰。』謂庶人須能分別，視此五土之高下，隨所宜而播種之，則職方氏所謂青州其穀宜稻麥、雍州其穀宜黍稷是也。」皮疏云：「援神契曰：『洿泉宜稻。』漢書溝洫志曰：『賈讓奏言：若有渠溉，則鹽鹵下溼，填淤加肥；故種禾麥，更爲秔稻，高田五倍，下田三倍。』敘傳曰：『坤作墬勢，高下九則。』劉德曰：『九則，九州土田，上中下九等也。』書禹貢疏引鄭注曰：『田著高下之等，當爲水害備也。』此云『視其高下』，亦當爲水害備之義。史記貨殖列傳曰：『安邑千樹棗，燕秦千樹栗。』此宜棗栗之地也。棗栗，一作棗棘者，棗、棘二物同類異名，棘亦棗也。詩『園有棘』，孟子『養其樲棘』，皆棗之類。」皮疏是也。御覽、初學記皆作「棗栗」，敦煌寫本作「桑棗」，史記蘇秦列傳蘇秦説燕文侯曰：「南有碣石、雁門之饒，北有棗栗之利，民雖不佃作而足於棗栗矣。此所謂天府者也。」史記貨殖列傳言燕，「民雖捍少慮，有魚鹽棗栗之饒。」御覽引韓子曰：「秦饑，應侯謂王曰：『五苑之果蔬橡棗栗，足以活民，請發之。』」此皆作「棗栗」，並可以活民，故鄭注應爲「棗栗」也。呂氏春秋孝行覽云：「士民孝則耕芸疾，守戰固，不罷北。」高誘注云：「耕芸疾，用天之道，分地之利。衣食足，知榮辱，故守則堅，戰必克，無退走者。」

謹身節用，以養父母，行不爲非爲謹身，富不奢泰爲節用。度財爲費，什一而稅，稅，釋文作「出」。雖遭凶年，父母不乏。治要末多一「也」字。**此庶人之孝也。**庶，衆也。衆人爲孝，當如此章。上皆言蓋者，孔子之謙。庶人至賤，無所復謙，故發此言。

【疏】「謹身」至「孝也」大戴禮記曾子本孝：「庶人之孝也，以力惡食。」盧辯注云：「分地任力，致甘美。」「以力」，即據天地而耕耘也。「惡食」，言己惡食而致甘美於父母，是養親之道也。大戴禮記少閒：「庶人仰視天文，俯視地理，力時使，以聽乎父母。」亦與此章相發明。經不言「庶民」而言「庶人」者，兼庶民與府史之屬也。王制云：「庶人在官者，其禄以是爲差。」鄭注云：「庶人在官，謂府史之屬。」皮錫瑞王制箋云：「禄足代耕，非止下士，自君十卿禄以及庶人在官，皆有代耕之義，孟子所謂『治人者食於人』也。明乎此義，則君禄亦有限制，不得以一國爲己私。吏胥之禄，亦無贏餘，但可與農人同餬口。君不以一國爲己私，則不濫用國帑。吏胥與農人同餬口，則不欺壓平民。」本章言庶人之孝，要在於養，而不及敬，故學者疑惑。大戴禮記曾子立孝云：「君子之孝也，忠愛以敬。」又云：「盡力無禮，則小人也。」禮記坊記子云：「小人皆能養其親，君子不敬，何以辨？」皆言孝有君子小人之别，小人即庶人也，君子即士以上也。論語爲政載子游問孝，子曰：「今之孝者，是謂能養。至於犬馬，皆能有養，不敬，何以别乎？」言孝不當止於能養，而應進於有敬。或執此以疑孝經，以爲孝經非出孔子，然庶人章、曾子本孝、曾子立孝、坊記諸篇，意在不以君子之德責庶民，而論語所言，則在譏當時之人皆不行君子之德，故以爲君子當由養而敬，方爲孝也。況依鄭注，天子章「愛親者不敢惡於人，敬親者不敢慢於人」一句，本通於五等之孝，是庶人亦須愛敬其親也，惟聖人立法，不以此強責庶人而已。「此庶人之孝也」之下，不依天子章至士章之例引詩、書者，簡朝亮孝經集注述疏云：「經於庶人不引詩者，以其連總結之文，不得以詩繼之爾。」案：自「天子」至於「庶人」之章，天子章首句既通五等之孝，庶人章復結五等孝之文，故此言庶人之孝畢，不必援引詩、書，而接總結之言可也。

注云「行不爲非爲謹身」者，庶人不謹其身，最在犯上作亂，以致刑戮及身，故鄭君以「行不爲非」解「謹身」也。孟子云：「是非之心，人皆有之。」庶人雖未學，然是非之心本於天性，不學而能也。行爲非則刑，紀孝行章云「爲下而亂則刑，在醜而爭則兵」，刑兵加於身，則雖日用三牲之養，猶爲不孝也。

注云「富不奢泰爲節用」者，曲禮云「問庶人之富，數畜以對」，鄭注卿大夫章「非先王之法服不敢服」云「庶人雖富不服」，是庶人雖無禄位，亦有富者。禮記坊記引孔子之言曰：「小人貧斯約，富斯驕。約斯盜，驕斯亂。禮者，因人之情而爲之節文，以爲民坊者也。故聖人之制富貴也，使民富不足以驕，貧不至於約，貴不慊於上，故亂益亡。」小人即庶人也，孔疏云：「『使民富不足以驕』者，此爲富者制法也。制富者，居室、丈尺、俎豆、衣服之事須有法度，不足至驕也。」此即庶人「節用」之義也。鄭注諸侯章云：「雖有一國之財而不奢泰，故能長守富。」庶人有其財而不奢泰，亦能守其富可知。

注云「度財爲費，什一而税，雖遭凶年，父母不乏」者，什一而税，爲天下中正之法。孟子滕文公上云：「夏后氏五十而貢，殷人七十而助，周人百畝而徹。其實皆什一也。」趙岐注云：「民耕五十畝，貢上五畝。耕七十畝者，以七畝助公家。耕百畝者，徹取十畝以爲賦。雖異名而多少同，故曰皆什一也。」論語顏淵有若對哀公曰：「盍徹乎？」鄭注云：「周法十一而税，謂之徹，爲天下通法也。」穀梁傳宣十五年傳曰：「古者什一，藉而不税。」是什一而税爲天下之通法也。重於十一，則取下無節，民有饑寒之患，輕於十一，則不能供社稷宗廟百官制度之費，故以十一爲中正也。尚書大傳云：「古者十税一，多於十税一謂之大桀、小桀，少於十税一謂之大貊、小貊。王者十一而税，而頌聲作矣。」孟子告子下云：「欲輕之於堯、舜之道者，大貉小貉也。欲重之於堯、舜之道者，大桀小桀也。」趙注云：「堯、舜以來，什一而税，足以行禮，故以此爲道。」禮記燕義云：「上必明正道以道民，民道之而有功，然後取其什一，故上用足而下不匱也，是以上下和親而不相怨也。」春秋公羊傳宣十五年傳：「古者什一而藉。古者曷爲什一而藉？什一者天下之中正也。多乎什一，大桀、小桀；寡乎什一，大貉、小貉。什一者天下之中正也，什一行而頌聲作矣。」何休詳述其制云：「頌聲者，大平歌頌之聲，帝王之高致也。春秋經傳數萬，指意無窮，狀相須而舉，相待而成，至此獨言頌聲作者，民以食爲本也。夫饑寒並至，雖堯、舜躬化，不能使野無寇盗；貧富兼并，雖臯陶制法，不能使彊不陵弱，是故聖人制井田之法而口分之：一夫一婦受田百畝，以養父母妻子，五口爲一家，公田十畝，即所謂十一而税也。廬舍二畝半，凡爲田一頃十二畝半，八家而九頃，共爲一井，故曰井田。廬舍在内，貴人也。公田次之，重公也。私田在外，賤私也。井田之義：一曰無泄地氣，二曰無費一家，三曰同風俗，四曰合巧拙，五曰通財貨。因井田爲市，故俗語曰市井。種穀不得種一穀，以備災害。田中不得有樹，以妨五穀。還廬舍種桑荻雜菜，畜五母雞、兩母豕，瓜果種疆畔，女上蠶織，老者得衣帛焉，得食肉焉，死者得葬焉。多於五口名曰餘夫，餘夫以率受田二十五畝。十井共出兵車一乘。司空謹别田之高下善惡，分爲三品：上田一歲一墾，中田二歲一墾，下田三歲一墾；肥饒不得獨樂，墝埆不得獨苦，故三年一換主易居，財均力平，兵車素定，是謂均民力，彊國家。在田曰廬，在邑曰里。一里八十戶，八家共一巷。
中里爲校室，選其耆老有高德者名曰父老，其有辯護伉健者爲里正，皆受倍田，得乘馬。父老比三老孝
弟官屬，里正比庶人在官吏。民春夏出田，秋冬入保城郭。田作之時，春，父老及里正旦開門坐塾上，
晏出後時者不得出，莫不持樵者不得入。五穀畢入，民皆居宅，里正趨緝績，男女同巷，相從夜績，至
於夜中，故女功一月得四十五日作，從十月盡正月止。男女有所怨恨，相從而歌，饑者歌其食，勞者歌
其事。男年六十，女年五十無子者，官衣食之，使之民間求詩，鄉移於邑，邑移於國，國以聞於天子，
故王者不出牖戶盡知天下所苦，不下堂而知四方。十月事訖，父老教於校室，八歲者學小學，十五者學
大學，其有秀者移於鄉學，鄉學之秀者移於庠，庠之秀者移於國學。學於小學，諸侯歲貢小學之秀者於
天子，學於大學，其有秀者命曰進士，行同而能偶，別之以射，然後爵之。士以才能進取，君以考功授
官。三年耕餘一年之畜，九年耕餘三年之積，三十年耕有十年之儲，雖遇唐堯之水，殷湯之旱，民無
近憂，四海之內莫不樂其業，故曰頌聲作矣。」「雖遭凶年，父母不乏」者，敦煌義疏云：「雖遭凶
年，若湯遭七年大旱，堯遭洪水九年。」王制云：「三年耕，必有一年之食。九年耕，必有三年之食。
以三十年之通，雖有凶旱水溢，民無菜色。」穀梁傳莊二十八年云：「古者稅什一，豐年補敗，不外
求而上下皆足也，雖累凶年，民弗病也。」公羊傳莊二十八年云：「君子之爲國也，必有三年之委。」
何注云：「古者三年耕，必餘一年之儲；九年耕，必有三年之積，雖遇凶災，民不饑乏。」孟子梁惠
王上云：「明君制民之産，必使仰足以事父母，俯足以畜妻子，樂歲終身飽，凶年免於死亡。然後驅而

之善，故民之從之也輕。」案：庶人之孝，以養親爲大，愛敬其親而使人不敢惡慢己親，貧者力耕，富者節用，則民用不乏，教化可行。經言庶人之孝所當行，鄭注兼言聖人之法，蓋非聖人之法至善，無以保庶人之孝可行也。故此經非言庶人之孝所當爲，而乃言聖人立法，使庶人之孝所能爲也。唐明皇御注不取什一而稅父母不乏之語，而横增「公賦既充則私養不闕」之文，此塞入時王訓導庶民之語，用心昭然，非經義也。

注云「庶，衆也，衆人爲孝，當如此章」者，以「衆」解「庶」，此經典之常訓也。邢疏云：「援神契云：『庶人行孝曰畜』，以畜養爲義，言能躬耕力農，以畜其德，而養其親也。」舊唐書禮儀志履冰引援神契云：「庶人孝曰畜，畜者含畜爲義。庶人含情受朴，躬耕力作，以畜其德，則其親獲安，故曰畜也。」

注云「上皆言蓋者，孔子之謙。庶人至賤，無所復謙，故發此言」者，皮疏云：「鄭注天子章云：『蓋者，謙辭。』則諸侯、卿大夫、士章言『蓋』者，均屬謙辭。庶人章言『此』不言『蓋』，故云『無所復謙』。」

故自天子至於庶人，孝無終始，而患不及己明皇注本經文無「己」字。新出今文諸寫本，經文皆有「己」字，故知「己」字爲唐明皇所刪也。**者，未之有也。**總説五孝，上從天子，下至庶人，皆當行孝無終始，能行孝道，故患難不及其身。蓋，治要作「言未之有也」，釋文作「善」，皆因形近而訛。未之有者，蓋未有也。治要同，釋文末有「也」字。

【疏】「故自」至「有也」明皇本無「己」字，嚴可均曰：「蓋臆刪耳。按鄭注『患難不及其身』，身即己也。正義引劉瓛云『而患行孝不及己者』，又云『何患不及己者哉』，則經文元有『己』字。」敦煌本皆有「己」字，嚴説是也。今漢書杜周傳引「孝無終始，而患不及者，未之有也。」無「己」字，蓋唐明皇御注出而鄭注佚，其後之人不知唐明皇擅改經文，故以明皇本孝經改漢書，遂刪去「己」字也。案：自天子至於庶人，孝各不同。禮記祭義引曾子云：「孝有三，大孝尊親，其次弗辱，其下能養。」又云：「孝有三，小孝用力，中孝用勞，大孝不匱。思慈愛忘勞，可謂用力矣。尊仁安義，可謂用勞矣。博施備物，可謂不匱矣。」孔疏云：「『大孝尊親』，即『大孝不匱』，『聖人爲天子者也』，『尊親，嚴父配天也』。『其次弗辱』，『謂賢人爲諸侯及卿大夫士也，各保社稷宗廟祭祀，不使傾危以辱親也。即與下文『中孝用勞』亦爲一也。』『其下能養』，『謂庶人也，與下文云『小孝用力』爲一。能養，謂用天分地，以養父母也。』」天子至於庶人之孝雖不同，而此節言其共同也。注云「總説五孝，上從天子，下至庶人，皆當行孝無終始，能行孝道，故患難不及其身。未之有者，蓋未有也」者，經文結「愛敬盡于事親」至「此庶人之孝也」。敦煌義疏云：「雖五孝不別爲章，而寄庶人章者，欲明貴賤理同，故於庶人而結之。」是也。「終始」，遙應開宗明義章「身體髮膚，受之父母，孝之始也，立身行道，揚名於後世，孝之終也」。邢疏云：「『惟蒼頡篇謂患爲禍。』是鄭君據倉頡篇，解『患』爲『患難』也。皮疏云：「阮福義疏引曾子曰：『君子患難除之。』又曰：『禍之所由生，自孅孅也。是故君子夙絕之。』又曰：『天子日旦思其四海之內，戰戰惟恐不能乂也。諸侯日旦思其四封之內，戰戰惟恐失損之也。大夫、士日旦思其官，戰戰惟恐不能勝也。庶人日旦思其事，戰戰惟恐刑罰之至也。是故臨事而栗者，鮮不濟矣。』云『此皆是患禍及之之義，亦即是天子至庶人，皆恐患禍及身之義』，證據甚塙。」又云：「曾子大孝：『故居處不莊，非孝也；事君不忠，非孝也；莅官不敬，非孝也；朋友不信，非孝也；戰陳無勇，非孝也。五者不遂，災及於身，敢不敬乎？』災及於身，即患及已，亦可與此經相發明。」漢書杜周傳：「上盡召直言之士詣白虎殿對策」，策有曰：「人之行何先？」杜欽對曰：「不孝，則事君不忠，莅官不敬，戰陳無勇，朋友不信。孔子曰：『孝無終始，而患不及者，未之有也。』孝，人行之所先也。」顔師古注云：「言人能終始行孝，而患不及於道者，未之有也。一說行孝終始不備，而患禍不及者，無此事也。」後說即鄭注之義也。自鄭注出，後之學者不厭其義，紛創新說。謝萬有集解孝經，邢疏引其說云：「言爲人無終始者，謂孝行有終始也。患不及者，謂用心憂不足也。能行如此之善，曾子所以稱難，故鄭注云：『善未有也。』」敦煌義疏引其說云：「行孝之事無終始，恒患不及，戰戰兢兢，日夜不怠解矣。未之有者，歎少之辭也。」依其說，「患」爲「心憂」，經言自天子至於庶人，皆當始於身體髮膚不敢毀傷，終於立身行道揚名後世，且日夜不懈以行之，恒心憂不能至之，能如此者鮮。又，邢疏引劉瓛云：「禮不下庶人。若言我賤而患行孝不及已者，未之有也。」敦煌義疏引劉先生云：「禮不下庶人，今行孝冥極，雖貴爲天子，賤爲庶人，其奉於父母恐後，不以天子爲始，庶人爲終。」劉先生即劉瓛也。依其說，「終始」爲始於天子之貴，終於庶人之賤，「患」即擔憂，是言始於天子，終於庶人，皆當行孝不敢後於人也。及至唐明皇御注，則云：「始自天子，終於庶人，尊卑雖殊，孝道同致，而患不能及者，未之有也。言無此理，故曰未有。」是以「終始」爲「始自天子，終於庶人」，「患」爲憂患。明皇此注，非刪「己」字不能，然臆刪經文，乃治經之大戒，開宋明以後改經刪經之風。明皇御注之所以反鄭者，邢疏引主鄭者與明皇義駁辯之文，主鄭者曰：「諸家皆以爲患及身，今注以爲自患不及，將有說乎？」答曰：「案說文云：『患，憂也。』廣雅曰：『患，惡也。』又，若案注說，釋『不及』之義凡有四焉，大意皆謂有患貴賤行孝無及之憂，非以患爲禍也。經傳之稱患者多矣，論語『不患人之不己知』，又曰『不患無位』，又曰『不患寡而患不均』，左傳曰『宣子患之』，皆是憂惡之辭也。惟蒼頡篇謂患爲禍，孔、鄭、韋、王之學引之以釋此經，故皇侃曰：『無始有終，謂改悟之善，惡禍何必及之？』則無始之言，已成空設也。禮祭義：『曾子說孝曰：衆之本教曰孝，其行曰養。養可能也，敬爲難。敬可能也，安爲難。安可能也，卒爲難。父母既沒，慎行其身，不遺父母惡名，可謂能終矣。』夫以曾參行孝，親承聖人之意，至於能終孝道，尚以爲難，則寡能無識，固非所企也。今爲行孝不終，禍患必及。此人偏執，詎謂經通？」主鄭者曰：「書云：『天道福善禍淫。』又曰：『惠迪吉，從逆凶，惟影響。』斯則必有災禍。何得稱無也？」答曰：「來問指淫凶悖慝之倫，經言戒不終善美之輩。論語曰：『今之孝者，是謂能養。』曾子曰：『參直養者也，安能爲孝乎？』又此章云：『以養父母，此庶人之孝也。』儻有能養而不能終，只可未爲具美，無宜即同淫慝也。古今凡庸，詎識孝道？但使能養，安知始終？若今皆及於災，便是比屋可貽禍矣。」皮疏駁之云：「此經明云『自天子至於庶人』，鄭注明云『總説五孝，上從天子，下至庶人』，難鄭者乃專指庶人爲言，顯與經注相悖。云『寡能無識』，云『凡庸詎識孝道』，專言庶人尚可，而此經包天子、諸侯、卿大夫、士在內，豈天子、諸侯、卿大夫、士亦得以『寡能』、『凡庸』自解乎？首章明云：『孝之始也』，『孝之終也』，此章所謂『終始』，即指『不敢毀傷』，『立身揚名』而言。自天子至庶人，皆當勉此孝道。難鄭者乃謂有始不必有終，無終不必及禍，是不止背鄭，直背經矣。若專執庶人爲言，疑庶人不能揚名顯親，則與劉炫駁鄭『人君無終』之言同一拘泥。古書多通論其理，豈得如此泥看，妄生駁難哉？」案：六朝經解至明皇御注之所以違反鄭義者，皆以鄭云天子至於庶人若不能始於不敢毀傷，終於立身揚名，則患難及其身，則人多貽禍。然鄭君解經之精，乃在於此。鄭君以爲六藝乃孔子爲後世創制立法，孝經總會六藝之道，六經所言者常理，非爲一時一人而發，孝經總會六經，亦言常理。即以五等之孝論，言天子、諸侯、卿大夫、士、庶人之孝，非教此五等之人行孝之法也，乃言行孝之義也。此義非教此五等之人，而通於六經之義也。譬如庶人章之所言，若以其教化庶民，則聖人立法轉成示俗榜文矣。

三才章第七

【疏】敦煌義疏云：「天地謂之二儀，以人參之，謂之三才。此章明孝通天地人。」邢疏云：「天地謂之二儀，兼人謂之三才。曾子見夫子陳説五等之孝既畢，乃發歎曰：『甚哉，孝之大也。』夫子因其歎美，乃爲説天經、地義、人行之事，可教化於人，故以名章，次五孝之後。」是也。然下文總述章意，邢疏又云：「夫子述上從天子下至庶人五等之孝，後總以結之，語勢將畢，欲以更明孝道之大，無以發端，特假曾子歎孝之大，更以彌大之義告之也。」上以孔、曾對答爲實録，下以孔子自作孝經，假曾子問以成文，前後違異，可見邢疏之疏陋。

曾子曰：「甚哉！孝之大也。」上孔子語曾子孝，上從天子，下至庶人，皆當行孝無終始。曾子乃知孝之爲大，治要存「上從天子」至「孝之爲大」，脱「行」字。故喟然嘆曰：「甚哉！孝之爲大也。」釋文存「語喟然」。

【疏】注云「上孔」至「大也」者，承上章而言。敦煌本義疏云：「甚者，過重之辭。哉者，嘆深之意。云甚哉，孝道如此之大也。」案：上六章孔子、曾參師弟對答畢，此章首爲曾子嘆孝之大，以啟下文孔子言三才之道，鄭注以此承上啟下，是也。觀鄭君禮記注，禮記篇章鬆散如曲禮、檀弓，鄭君固不分章節，不探關聯，嚴整如王制，鄭君亦以文句獨行，殷制、夏制各立，不可視爲一篇。而於孝經，則以之爲首尾一貫之篇，頗重其章旨轉合，如於聖治章始云：「曾子見上明王孝治天下，致於和平，災害不生，禍亂不作，以爲聖人合天地，當有異於孝乎，故問之也。」於事君章始云：「上陳諫諍之義畢，欲見進退之道，故發此言。」於喪親章始云：「上陳孝道，生事已畢，死事未見，故發此章。」蓋以鄭君之見，禮記爲七十二子雜記所合，篇章并無其序，而孝經則爲曾子記孔子之言以總會六藝之道，文法嚴整，章序皎然，以成一篇之文也。

子曰：「夫孝，天之經，刊本多一「也」字。春秋冬夏，物有死生，天之經。治要多一「也」字。**地之義，**刊本多一「也」字。山川高下，水泉流通，地之義。治要多一「也」字。**民之行，**刊本多一「也」字。孝悌恭敬，民之行。治要多一「也」字。

【疏】「子曰」至「則之」　董仲舒春秋繁露五行對載，河間獻王問温城董君曰：「孝經曰『夫孝，天之經，地之義。』何謂也？」對曰：「天有五行，木火土金水是也。木生火，火生土，土生金，金生水。水爲冬，金爲秋，土爲季夏，火爲夏，木爲春。春主生，夏主長，季夏主養，秋主收，冬主藏。藏，冬之所成也。是故父之所生，其子長之；父之所長，其子養之；父之所養，其子成之。諸父所爲，其子皆奉承而續行之，不敢不致如父之意，盡爲人之道也。故五行者，五行也。由此觀之，父授之，子受之，乃天之道也。故曰：夫孝者，天之經也。此之謂也。」王曰：「善哉。天經既得聞之矣，願聞地之義。」對曰：「地出雲爲雨，起氣爲風。風雨者，地之所爲。地不敢有其功名，必上之於天。命若從天氣者，故曰天風天雨也，莫曰地風地雨也。勤勞在地，名一歸於天，非至有義，其孰能行此？故下事上，如地事天也，可謂大忠矣。土者，火之子也。五行莫貴於土。土之於四時無所命者，不與火分功名。木名春，火名夏，金名秋，水名冬。忠臣之義，孝子之行，取之土。土者，五行最貴者也，其義不可以加矣。五聲莫貴於宮，五味莫美於甘，五色莫盛於黄，此謂孝者地之義也。」王曰：「善哉！」劉炫述議引此文，以之爲「董仲舒孝經解」，是董子解孝經之文也。班固漢書藝文志云：「夫孝，天之經，地之義，民之行也，舉大者言，故曰孝經。」據此，則西漢人解孝經此文，皆以孝爲「天之經」，又爲「地之義」，亦爲「人之行」也。

注云「春秋冬夏，物有死生，天之經」者，庶人章以「春生，夏長，秋收，冬藏」爲序，是言「順四時以舉」，耕種之事也，而此以「春秋冬夏」爲序，則純指天之四時運行。禮記孔子閒居云：「天有四時，春秋冬夏，風雨霜露，無非教也。」繁露王道通三云：「天常以愛利爲意，以養長爲事，春秋冬夏皆其用也。」又云：「人主掌此而無失，使乃好惡喜怒未嘗差也，如春秋冬夏之未嘗過也，可謂參天矣。」墨子天志云：「制爲四時春秋冬夏，以紀綱之。」史記龜策列傳云：「春秋冬夏，或暑或寒。寒暑不和，賊氣相奸。」舉「春秋冬夏」以爲四時，此古書之通説也。「物有死生」，承四時寒暑而言也。吴越春秋載計研對勾踐曰：「天地之氣，物有死生。」并解之云：「春種八穀，夏長而養，秋成而聚，冬畜而藏。夫天時有生而不救種，是一死也；夏長無苗，二死也；秋成無聚，三死也；冬藏無畜，四死也。雖有堯舜之德，無如之何。夫天時有生，勸者老，作者少，反氣應數，不失厥理，一生也；留意省察，謹除苗穢，穢除苗盛，二生也；前時設備，物至則收，國無逋税，民無失穗，三生也；倉已封塗，除陳入新，君樂臣歡，男女及信，四生也。」此亦「物有死生」之一解也。「經」之義，白虎通曰：「經，常也。」劉熙釋名曰：「經，徑也，常典也，如徑路無所不通，可常用也。」孟子盡心下：「君子反經而已矣。」趙岐注：「經，常也。」詩小雅小旻：「匪大猷是經。」毛傳：「經，常。」云「天之經」者，天之常也。

注云「山川高下，水泉流通，地之義」者，庶人章以「分别五土，視其高下」爲「分地之利」亦言耕種之事，而此則純指地之規則。皮疏云：「凡地，近山者多高，近川者多下也。云『川』，又云『水泉』者，考工記：『匠人爲溝洫。廣尺深尺謂之甽，廣二尺深二尺謂之遂，廣四尺深四尺謂之溝，廣八尺深八尺謂之洫，廣二尋深二仞謂之澮，專達於川。凡天下之地埶，兩山之間，必有川焉。大川之上，必有涂焉。』是『川』爲大川，『水泉流通』，即甽、遂、溝、洫、澮之水，行於兩山大川之間者也。」皮疏是也。「義」者，中庸云：「義者宜也。」鹽鐵論刑德文學云：「義者，事之宜也。」鄭箋詩大雅蕩「而秉義類」云：「義之言宜也。」釋名云：「義，宜也。裁制事物，使合宜也。」云「地之義」者，即地之宜也。

注云「孝悌恭敬，民之行也」者，以上「天之經」爲「春秋冬夏，物有死生」，「地之義」爲「山川高下，水泉流通」，知此「孝悌恭敬」爲民之性固有孝悌恭敬，故自然而能行孝悌恭敬也。「行」之義，詩衛風竹竿「女子有行，遠父母兄弟」鄭箋、詩王風黍離「行邁靡靡，中心搖搖」鄭箋皆云：「行，道也。」皮疏云：「鄭解此經，『天經』、『地義』，皆泛説，不屬孝言，故以『孝悌恭敬』爲『民之行』，亦不專言孝。蓋以下文『天地之經而民是則之』，當屬泛説，此經與下緊相承接，亦當泛説。若必屬孝，則與下文窒礙難通。此鄭君解經之精也。」皮疏是也。案：此章以「夫孝」始，而鄭注天經、地義、民行，皆不應「孝」之義，蓋此章名「三才」，則天、地、人也，而經文則言「民」而不言「人」，鄭君據「民」爲注，故解天經、地義，以自然之天地爲説，解下文「則天之明、因地之利」，亦以庶人章因天地之道以養民爲説。故鄭君解此「孝」，非言孝之德，而言孝之理也，孝爲至順之道，故敦煌義疏解此經云：「孝者，至順之名。經者，常也。天有至順，故得其常，常者，四時生煞得時，是天之常。義者宜也。地有至順，故得其宜，宜者山川高下，水泉流通，是得其宜。行者施用之名，謂孝悌恭敬，人有至順，故得其恭敬孝悌。」

天地之經，而民是則之，天有四時，地有高下，民居其間，當是而則之。**則天之明，**則，視也。視天之四時，無失其早晚。（治要多一「也」字。）**因地之利，**因地高下，所宜何等□種之。（治要存「因地高下，所宜何等」。）**以順天下，是以其教不肅而成，**以，用也。用天時，順地利，則天下民皆樂之，是以其教不肅而成。治要作「以，用也。用天四時地利，順治天下，下民皆樂之，是以其教不肅而成也。」**其政不嚴而治。**政不煩苛，故不嚴而治。治要多一「也」字。

【疏】注云「天有四時，地有高下，民居其間，當是而則之」者，「天有四時」，即上云「春秋冬夏，物有死生」也。「地有高下」，即上云「山川高下，水泉流通」也。皮疏云此二句「緊承上文之注，故知上文必用泛説，乃與此文相承也。」是也。「民居其間」，即天地之間也。鄭注分「是」、「則」爲二，則者，鄭注聖治章「民無則焉」云：「則，法也。」正與此同。

注云「則，視也。視天四時，無失其早晚」，「因地高下，所宜何等□種之」者，鄭注以「夫孝，天之經，地之義，民之行」言天地之常，「天地之經，而民是則之」言民當法則常道，「則天之明，因地之利」言立政教。故「民是則之」與「則天之明」，二「則」之義不同，「民是則之」言民當法則天地之常道，「則天之明」言王者政教當視天地四時也。「視天四時，無失其早晚」，即庶人章「因天之道」注所云「春生，夏長，秋收，冬藏，順四時以舉」也。「因地高下，所宜何等□種之」，即庶人章「分地之利」注所云「分別五土，視其高下，若高田宜黍稷，下田宜稻麥。丘陵坂險，宜種棗栗」也。左傳昭二十五年云：「聞諸先大夫子産曰：『夫禮，天之經也，地之義也，民之行也。天地之經，而民實則之。則天之明，因地之性，生其六氣，用其五行。』」其説與此經類同，朱子跋程沙隨帖云：「孝經獨篇首六七章爲本經，其後乃傳文，然皆齊魯間陋儒纂取左氏諸書之語爲之，至有全然不成文理處。」

皮疏駁朱子云：「繁露五行對篇：『河間獻王謂温城董君曰：孝經曰：夫孝，天之經，地之義。何謂也？』董子治公羊，非治左氏傳者，獻王得左氏傳，爲立博士，乃引孝經爲問，不引左氏，非孝經襲左氏可知。」皮説是也。孔子信而好古，其言化用史文者多矣，不可執此而疑孝經也。

注云「以，用也。用天時，順地利，則天下民皆樂之，是以其教不肅而成」者，禮記孔子閒居云：「天有四時，春秋冬夏，風雨霜露，無非教也。地載神氣，神氣風霆，風霆流形，庶物露生，無非教也。」鄭注云：「言天之施化收殺，地之載生萬物，此非有所私也。『無非教』者，皆人君所當奉行以爲政教。」孔疏云：「此經論天地無私，聖人則之以爲教。『天有四時，春秋冬夏，風雨霜露，無非教也』者，言天春生夏長，秋殺冬藏，以風以雨，以霜以露，化養於物。聖人則之，事事倣法以爲教，故云『無非教也』。『地載神氣，神氣風霆，風霆流形，庶物露生，無非教也』者，神氣，謂神妙之氣。風霆，霆，雷也。神氣風霆流形，謂地以神氣、風雷之等，流布其形。『庶物露生』，庶，衆也。言衆物感此神氣風霆之形，露見而生，人君法則此地之生物，事事奉之以爲教也，故云『無非教也』。」禮記禮器云：「禮也者，合於天時，設於地財，順於鬼神，合於人心，理萬物者也。是故天時有生也，地理有宜也，人官有能也，物曲有利也。」孔疏云：「『天時有生也』者，言天四時自然，各有所生，若春薦韭卵，夏薦麥魚是也。『地理有宜也』者，地之分理，自然各有所宜，若高田宜黍稷，下田宜稻麥是也。」鹽鐵論憂邊文學曰：「夫欲安民富國之道，在於反本，本立而道生。順天之理，因地之利，即不勞而功成。」

注云「政不煩苛，故不嚴而治」者，煩，禮樂記云：「衛音趨，數煩志。」鄭注云：「煩，勞也。」苛，玄應一切經音義引説文云：「苛，尤劇也，亦煩擾也。」漢書高帝紀「父老苦秦苛法久矣。」顔師古注：「苛，細也。」漢書文帝紀云：「漢興，除秦煩苛，約法令，施德惠，人人自安。」漢書景帝紀云：「漢興，掃除煩苛，與民休息。」政不煩苛，即王制所云：「古者公田藉而不税，市廛而不税，關譏而不征，林、麓、川、澤，以時入而不禁，夫圭田無征，用民之力歲不過三日。」是也。

先王見教之可以化民（「民」，諸本有作「人」者，然觀上下文，以民爲正。）**也，**見因天地教化民之易也。（「民」，唐寫本有作「人」者，當以「民」爲正。）**是故先之以博愛，而民莫遺其親，**先修人事，流化於民。（治要多一「也」字，敦煌鄭注寫本「民」作「人」，當以「民」爲正。）

【疏】注云「見因天地教化民之易也」者，承上「其教不肅而成」而言。簡朝亮孝經集注述疏云：「經上文言其教其政，而此獨承言教者，以政爲教之輔，言教則政可知也。」董仲舒春秋繁露爲人者天：「天生之，地載之，聖人教之。君者，民之心也，民者，君之體也。心之所好，體必安之，君之所好，民必從之。故君民者，貴孝弟而好禮義，重仁廉而輕財利，躬親職此於上，而萬民聽，生善於下矣。故曰：『先王見教之可以化民也。』此之謂也。」白虎通三教：「教者何謂也？教者，效也。上爲之，下效之，民有質樸，不教而成。故孝經曰：『先王見教之可以化民。』」御覽引元命苞云：「天人同度，正法相授，天垂文象，人行其事，謂之教。教之爲言效也，上爲下效，道之始也。」此即因天地化民之義也。

注云「先修人事，流化於民」者，非特爲「先之以博愛」一句發，亦包下「陳之以德義」、「先之以敬讓」、「道之以禮樂」、「示之以好惡」也。「流化於民」者，「民莫遺其親」、「興行」、「不爭」、「和睦」、「知禁」皆是也。王者修人事，而民披其化，以王者所修，因天地之道，順人之性情也。白虎通性情云：「人稟陰陽氣而生，故内懷五性六情。」五性六情，皆人之所固有，非由外爍者也。白虎通又云：「五常者何？謂仁、義、禮、智、信也。」「六情者何謂也？喜、怒、哀、樂、愛、惡謂六情，所以扶成五性。」劉炫述議云：「先王以人之情性如此，是順其情性以教之。人情有愛，故先之以博愛。人性有義，故陳之以德義。人情有怒，故先之以敬讓。人情有禮，故導之以禮樂。人情有好惡，故示之以好惡。是由民之所行，法天地道義，故先王隨而化之。」教非家至戸到，而必以身先之者，大學云：「所惡於上，毋以使下；所惡於下，毋以事上；所惡於前，毋以先後；所惡於後，毋以從前；所惡於右，毋以交於左；所惡於左，毋以交於右。此之謂『絜矩之道』。」又云：「堯、舜率天下以仁，而民從之。桀、紂率天下以暴，而民從之。其所令反其所好，而民不從。」「先之以博愛，而民莫遺其親」者，董仲舒春秋繁露爲人者天云：「先之以博愛，教以仁也。」「先之」，身教也。「博愛」，行仁也。先王之教，由愛敬己親而愛敬他人之親，故孟子云：「老吾老以及人之老，幼吾幼以及人之幼。」人情有愛，故民從王者之化，而能先愛其親，故曰不遺其親也。「遺」，鄭注禮記鄉飲酒義「知其能弟長而無遺矣」云：「遺，猶脱也，忘也。」與此同也。

朱子孝經刊誤：「謂聖人見孝可以化民，而後以身先之，於理又已悖矣。況『先之以博愛』亦非立愛惟親之序，若之何而能使民不遺其親耶？」

陳之以德義而民興行，上好義，則民莫敢不服。治要多一「也」字，敦煌鄭注寫本「民」作「人」。**先之以敬讓而民不爭，**若文王敬讓於朝，虞、芮推畔於野，釋文「野」作「田」。上行之則下効之。「下効之」，治要作「下效法之」。**道**刊本作「導」。**之以禮樂而民和睦，**上好禮，則民莫敢不敬。敦煌寫本句末多一「之」，疑衍。**示之以好惡而民知禁。**善者賞之，惡者罰之，則民知有法令，不敢爲非也。治要作「民知禁，莫敢爲非也。」

【疏】注云「上好義，則民莫敢不服」者，經云「陳」，鄭注周禮司市「以陳肆辨物而平市」云：「陳，猶列也。」注周禮肆師「陳告備」云：「陳，陳列也。」注周禮掌客「牲三十有六，皆陳」云：「陳，列也。」此經之「陳」，即陳列之義也。唐明皇御注解「陳」爲「陳説」，故云「陳説德義之美，爲衆所慕，則人起心而行之」，然經文凡「先之」者皆以身先行之意，非陳説可至，明皇注失之。「德義」，郭店楚簡尊德義云：「尊德義，明乎民倫，可以爲君。」國語晉語悼公問司馬侯：「何謂德義？」司馬侯對曰：「諸侯之爲，日在君側，以其善行，以其惡戒，可謂德義矣。」韋昭注云：「善善爲德，惡惡爲義。」國語周語王孫説云：「是以不主寬惠，亦不主猛毅，主德義而已。」韋注云：「賞得其人，罰得其罪，是爲德義。」據此，「陳之以德義」則是置賢者於位以教，使下民興起賢行也。鄭注云「上好義，則民莫敢不服」，此論語子路文。民莫敢不服，故能興行也。論語爲政孔子對哀公問「何爲則民服」，云：「舉直錯諸枉，則民服」，皇疏云：「言若舉正直之人爲官位，爲廢置邪佞之人，則民服君德也。」爲政孔子對季康子問「使民敬忠以勸，如之何」，云：「舉善而教不能則民勸」，皇疏云：「若民中有善者，則舉而禄位之。若民中未能善者，則教令使能。若能如此，則民競爲勸慕之行也。」禮記緇衣引子曰：「好賢如緇衣，惡惡如巷伯，則爵不瀆而民作愿，刑不試而民咸服。」此皆以德義使民服之事也。案：鄭君以論語爲仲弓、子游、子夏所定孔子之言，而孝經則是孔子爲曾子説法，二書同出孔聖，故頗以論語之言解孝經也。

注云「若文王敬讓於朝，虞、芮推畔於野，上行之則下效之」者，皮疏引詩緜「虞、芮質厥成」毛傳云：「虞、芮之君相與爭田，久而不平，乃相謂曰：『西伯，仁人也，盍往質焉。』乃相與朝周。入其竟，則耕者讓畔，行者讓路。入其邑，男女異路，斑白不提挈。入其朝，士讓爲大夫，大夫讓爲卿。二國之君感而相謂曰：『我等小人，不可以履君子之庭。』乃相讓，以其所爭田爲閒田而退。天下聞之而歸者，四十餘國。」又云：「尚書大傳、史記周本紀、説苑君道篇皆載其事。大傳曰：『文王受命一年，斷虞、芮之訟。』鄭注尚書云：『紂聞文王斷虞、芮之訟』，據書傳爲説也。」案：若者，如也，虞、芮非民，本不足以解此經，而鄭注舉文王斷虞、芮之訟爲例，以明上行下效之義而已，故言若也。論語里仁子曰：「能以禮讓爲國乎，何有。不能以禮讓爲國，如禮何？」皇疏引江熙云：「不能以禮讓，則下有爭心，錐刀之末，將盡爭之，唯利是恤，何遑言禮也。」

注云「上好禮，則民莫敢不敬」者，論語子路文，皇疏云：「言上若好禮，則民下誰敢不敬，故云莫敢不敬。禮主敬故也。」民敬，則和睦矣。荀子樂論篇云：「樂者，聖人之所樂也，而可以善民心，其感人深，其移風易俗。故先王導之以禮樂，而民和睦。夫民有好惡之情，而無喜怒之應則亂。先王惡其亂也，故修其行，正其樂，而天下順焉。」荀子云「先王導之以禮樂，而民和睦」，是引孝經之文，以言導之以樂，使民和睦之事也。

注云「善者賞之，惡者罰之，則民知有法令，不敢爲非也」者，邢疏云：「樂記云：『先王之制禮樂也，將以教民平好惡而反人道之正也。』故示有好必賞之，令以引喻之，使其慕而歸善也；示有惡必罰之，禁以懲止之，使其懼而不爲也。」與鄭注合。禮記緇衣：「故君民者，章好以示民俗，慎惡以御民之淫，則民不惑矣。」鄭注云：「孝經曰：『示之以好惡，而民知禁。』」樂記「爲人君者，謹其所好惡而已矣。君好之，則臣爲之。上行之，則民從之。詩云：『誘民孔易。』此之謂也。」鄭注云：「誘，進也。孔，甚也。言民從君所好惡，進之於善無難。」漢紀孝哀皇帝紀荀悦論曰：「非明王在上，示之以好惡，齊之以禮法，民何由知禁而反正乎？」亦引此經證「示之以好惡」以使民不敢爲非也。案：王符潛夫論斷訟云：「孝經曰：『陳之以德義而民興行，示之以好惡而民知禁。』今欲變巧僞以崇美化，息辭訟以閑官事者，莫若表顯有行，痛誅無狀，導文、武之法，明詭詐之信。」漢紀孝武皇帝紀荀悦論曰：「民志既定，於是先之以德義，示之以好惡，奉業勸功以用本務，不求無益之物，不畜難得之貨，絶靡麗之飾，遏利欲之巧，則淫流之民定矣，而貪穢之俗清矣。」此二處皆以「陳之以德義」、「示之以好惡」并言，蓋二者俱是好賢惡惡，「陳之以德義」是置賢者於位，而黜不肖者，故言「民興行」，「示之以好惡」是以好惡見諸賞罰，故言「民知禁」也。又，漢書匡衡傳匡衡云：「朝廷者，天下之楨幹也。公卿大夫相與循禮恭讓，則民不爭；好仁樂施，則下不暴；上義高節，則民興行；寬柔和惠，則衆相愛。四者，明王之所以不嚴而成化也。」李翕西狹頌云：「動順經古，先之以博愛，陳之以德義，示之以好惡。不肅而成，不嚴而治。朝中惟靜，威儀抑抑。督郵部職，不出府門。政約令行，強不暴寡，知不詐愚。」三國志魏書三少帝紀云：「蓋聞人君之道，德厚侔天地，潤澤施四海，先之以慈愛，示之以好惡，然後教化行於上，兆民聽於下。」皆引此經。

詩云：『赫赫師尹，民具爾瞻。』詩者，直謂詩也。云，言也。赫赫，明威貌。師尹，大臣，若冢宰之屬。釋文多一「也」字。民已具矣，汝當視民，民亦當視汝，汝善而民善矣。唐寫本後三「民」字皆作「人」，據經文改之。上之化下，敦煌本原作「下之化上」，而敦煌義疏本作「上之化下」，漢書董仲舒傳董仲舒對策有言：「夫上之化下，下之從上。」周易觀卦王弼注：「上之化下，猶風之靡草。」今據改。猶風之靡草。

【疏】「詩云」至「爾瞻」　漢書董仲舒傳董仲舒對策：「及至周室之衰，其卿大夫緩於誼而急於利，亡推讓之風而有爭田之訟。故詩人疾而刺之，曰：『節彼南山，惟石巖巖，赫赫師尹，民具爾瞻。』爾好誼，則民鄉仁而俗善；爾好利，則民好邪而俗敗。由是觀之，天子大夫者，下民之所視效，遠方之所四面而內望也。近者視而放之，遠者望而效之，豈可以居賢人之位而爲庶人行哉？」董氏之意，與鄭注同。案：經言「先王」，引詩用「師尹」，此引詩斷章也。緇衣引子曰：「禹立三年，百姓以仁遂焉，豈必盡仁？詩云：『赫赫師尹，民具爾瞻。』」以師尹之詩證禹之事，亦斷章取義也。

注云「赫赫，明威貌。師尹，大臣，若冢宰之屬」者，毛傳云：「赫赫，顯盛貌」，與鄭注略同。毛傳又云：「師，大師，周之三公也。尹，尹氏，爲大師。」孔疏云：「尚書周官云『太師、太傅、太保，兹惟三公』，故知太師，周之三公也。下云『尹氏太師』，是尹氏爲太師也。孝經注以爲冢宰之屬者，以此刺其專恣，是三公用事者，明兼冢宰以統群職。」

注云「民已具矣，汝當視民，民亦當視汝，汝善而民善矣」者，毛詩鄭箋云：「此言尹氏，女居三公之位，天下之民俱視女之所爲。」鄭箋據詩云「民具爾瞻」，故解曰「民俱視女」，而孝經引詩，斷章取義，故鄭注加「汝當視民」，以成「汝善而民善」之義也。

注云「上之化下，猶風之靡草」者，論語顏淵云：「君子之德風，小人之德草，草上之風必偃。」此鄭注之所據也。鄭注論語云：「草上加之以風，無不偃仆也，猶民之化於上也。」説苑君道云：「夫上之化下，猶風靡草，東風則草靡而西，西風則草靡而東，在風所由而草爲之靡，是故人君之動不可不慎也。」鹽鐵論疾貪賢良云：「夫上之化下，若風之靡草，無不從教。」後漢書宦者列傳呂強云：「上之化下，猶風之靡草。」三國志魏書云：「夫上之化下，猶風之靡草。」風草之喻，當時通言也。

孝治章第八

【疏】邢昺孝經注疏：「夫子述此明王以孝治天下也。前章明先王因天地、順人情以爲教。此章言明王由孝而治，故以名章，次三才之後也。」

子曰：「昔者明王之以孝治天下，刊本句末多一「也」字。**不敢遺小國之臣，**古者諸侯歲遣大夫聘問天子無恙，天子待之以客禮，此不敢遺小國之臣。治要無「客」、「敢」二字，句末多「者也」二字。徐彦公羊序疏云：「故孝經云『昔者明王』，鄭注云：『昔，古也。』」嚴可均、臧庸等輯本皆録之，然此乃徐疏據鄭君孝經注爲言，不必單出也。

【疏】「子曰」至「之臣」　明王者，漢書禮樂志云：「知禮樂之情者能作，識禮樂之文者能述。作者之謂聖，述者之謂明。明、聖者，述、作之謂也。」顔師古注曰：「作，謂有所興造也。述，謂明辨其義而循行也。」創立法制者謂之聖王，明義循行者謂之明王，故此明王，爲繼體守文之君，特言「明王」者，以其明能行義也。「小國」，謂伯、子、男之國也。公羊隱五年傳：「小國稱伯、子、男。」

何休注：「小國謂伯七十里，子、男五十里。」白虎通爵引春秋傳云：「小者稱伯、子、男也。」所以合伯、子、男爲一，稱「小國」者，春秋之法，變周之文，從殷之質也。公羊桓十一年傳云：「春秋伯、子、男一也。」繁露爵國云：「春秋三等，合伯、子、男爲一爵。」繁露三代改制質文云：「春秋鄭忽何以名？春秋曰：『伯、子、男一也，辭無所貶』，何以爲一？曰：周爵五等，春秋三等。」白虎通爵云：「爵有五等，以法五行也。或三等者，法三光也。或法三光，或法五行何？質家者據天，故法三光。文家者據地，故法五行。含文嘉曰：『殷爵三等，周爵五等。』各有宜也。」又云：「殷爵三等，謂公、侯、伯也。所以合子、男從伯者何？王者受命，改文從質，無虛退人之義，故上就伯也。」王制鄭注：「春秋變周之文，從殷之質，合伯、子、男以爲一，則殷爵三等者，公、侯、伯也。」春秋莊二十五年經：「陳侯使女叔來聘。」何休解詁云：「稱字者，敬老也。禮，七十，雖庶人，主字而禮之。孝經曰『昔者明王之以孝治天下也，不敢遺小國之臣』是也。」案：何氏以春秋王魯，故引明王之經以言魯事，又陳爲侯爵，非小國，引此經乃極言敬老之義耳。

注云「古者諸侯歲遣大夫聘問天子無恙」，下云「古者諸侯五年一朝天子」者，詩商頌那：「自古在昔。」毛傳云：「古曰在昔。」故鄭以昔爲古也。公羊桓元年傳：「諸侯時朝乎天子。」何氏解詁曰：「時朝者，順四時而朝也，緣臣子之心，莫不欲朝朝莫夕。王者與諸侯別治，勢不得自專朝，故即位比年使大夫小聘，三年使上卿大聘，四年又使大夫小聘，五年一朝。王者亦貴得天下之歡心，以事其先王，因助祭以述其職，故分四方諸侯爲五部，部有四輩，輩主一時。孝經曰『四海之內，各以其職來助祭』，尚書曰『群后四朝』。」疏曰：「注『故即位』至『小聘』。此孝經説文。聘義亦云：『天子制諸侯，比年小聘，三年大聘，相厲以禮也。』是與此合。」王制云：「諸侯之於天子也，比年一小聘，三年一大聘，五年一朝。」鄭注云：「比年，每歲也。小聘使大夫，大聘使卿，朝則君自行。」孝經説、王制、聘義皆今文經義之通説，而鄭注所憑據也。白虎通朝聘篇曰：「所以制朝聘之禮何？以尊君父，重孝道也。夫臣之事君，猶子之事父，欲全臣子之恩，一統尊君，故必朝聘也。聘者，問也。緣臣子欲知其君父無恙，又當奉土地所生珍物以助祭，是以皆得行聘問之禮也。」又云：「朝者，見也。五年一朝，備文德而明禮義也。」諸侯朝聘天子之禮，經有異説，解義分歧。經傳異義者，尚書堯典云：「五載一巡守，群后四朝」，鄭注云：「巡守之年，諸侯朝於方嶽之下，其間四年，四方諸侯分來朝於京師，歲遍。」周官大行人言朝聘之法云：「邦畿方千里，其外方五百里謂之侯服，歲壹見，其貢祀物。又其外方五百里謂之甸服，二歲壹見，其貢嬪物。又其外方五百里謂之男服，三歲壹見，其貢器物。又其外方五百里謂之采服，四歲壹見，其貢服物。又其外方五百里謂之衛服，五歲壹見，其貢材物。又其外方五百里謂之要服，六歲壹見，其貢貨物。」此即鄭君所謂「各以其服數來朝」者也，孫詒讓周禮正義釋之云：「依此經，則侯服比年朝，甸服二年、四年、六年、八年、十年朝，男服三年、六年、九年朝，采服四年、八年朝，衛服五年、十年朝，要服六年朝。十二年，六服從王巡守。」左氏昭三年傳引子大叔曰：「昔文、襄之霸也，其務不煩諸侯，令諸侯三歲而聘，五歲而朝，有事而會，不協而盟。」是三年一聘，五年一朝也。而左氏昭十三年傳引叔向云：「是故明王之制，使諸侯歲聘以志業，間朝以講禮，再朝而會以示威，再會而盟以顯昭明。」杜注云：「歲聘以脩其職業」，「三年而一朝，正班爵之義，率長幼之序」，「六年而一會，以訓上下之則，制財用之節」，「十二年而一盟，所以昭信義也。凡八聘四朝再會，主一巡守，盟于方嶽之下。」是十二年四朝也，此與上引子大叔之言正相違反。經傳異義，爲經學之大害，故漢末經師，無不調停其說。朝聘之禮，王制疏引許慎五經異義云：「公羊說：諸侯比年一小聘，三年一大聘，五年一朝天子。左氏說：十二年之間，八聘，四朝，再會，一盟。許慎謹案：「公羊說，虞、夏制，左氏說，周禮。傳曰：『三代不同物，明古今異說。』」鄭玄駁異義云：「公羊說比年一小聘，三年一大聘，五年一朝，以爲文、襄之制。録王制者，記文、襄之制耳，非虞夏及殷法也。」許慎以群經異義爲古今異制，然此二說未盡群經異義，不能厭鄭君家法，鄭君於群經制度異說，乃分隸於歷代聖王法之中，以堯典所述爲虞夏法，周官所述爲周公法，王制所述與左氏引子大叔之言同，故爲晉文霸法。鄭注王制「諸侯之於天子也，比年一小聘，三年一大聘，五年一朝」云：「此大聘與朝，晉文霸時所制也。虞夏之制，諸侯歲朝。周之制，侯、甸、男、采、衛、要服六者，各以其服數來朝。」孔疏云：「云『虞夏之制，諸侯歲朝』者，按尚書堯典云『五載一巡守，群后四朝』，鄭注云『巡守之年，諸侯朝於方嶽之下，其間四年，四方諸侯分來朝於京師，歲遍』是也。按孝經注『諸侯五年一朝天子』，『天子亦五年一巡守』。熊氏以爲虞、夏制法，諸侯歲朝，分爲四部，四年又遍，總是五年一朝，天子乃巡守，故云『諸侯五年一朝天子』，『天子亦五年一巡守』。按鄭注尚書『四方諸侯分來朝於京師，歲遍』，則非五年乃遍。又孝經之注，多與鄭義乖違，儒者疑非鄭注，今所不取，熊氏之説非也。虞、夏之制，但有歲朝之文。其諸侯自相朝聘及天子之事則無文，不可知也。鄭此注虞、夏之制，即云周之制，不云殷者，虞、夏及周，經有明文，故指而言之，殷則經籍不見，故不言也。按春秋文十五年左傳云：『諸侯五年再相朝，以脩王制，古之制也。』按鄭志孫皓問云：『諸侯五年再相朝，不知所合典禮。』鄭答云：『古者據時而道前代之言，唐、虞之禮，五載一巡守。夏、殷之時，天子蓋六年一巡守，諸侯間而朝天子。其不朝者朝罷朝，五年再朝，似如此制，禮典不可得而詳。』如鄭志之言，則夏、殷天子六年一巡守，其間諸侯分爲五部，每年一部來朝天子，朝罷還國，其不朝者朝罷朝諸侯，至後年不朝者，往朝天子而還，前年朝者，今既不朝，又朝罷朝諸侯，是再相朝也，故鄭云『朝罷朝也』。如鄭之意，此爲夏、殷之禮。而鄭又云『虞、夏之制，諸侯歲朝』，以夏與虞同，與鄭志乖者，以群后四朝，文在堯典。堯典是虞、夏之書，故連言夏，其實虞也。故鄭志云：『唐虞之禮，五載一巡守』。今知諸侯歲朝，唯指唐、虞也。其夏、殷朝天子，及自相朝，其禮則然，其聘天子及自相聘，則無文也。」鄭以周禮是周公致太平之書，故與堯典不同，諸侯各以其服數來朝。又，鄭因左氏昭三年傳引子大叔曰：「昔文、襄之霸也，其務不煩諸侯，令諸侯三歲而聘，五歲而朝，有事而會，不協而盟。」依其文，是三年一聘，五年一朝，與王制之法合，故王制注、駁五經異義皆以爲晉文霸制。依鄭君家法解朝聘之制，雖能彌合群經異義，然終有不能合者，王制孔疏云：「按昭十三年左傳云：『歲聘以志業，間朝以講禮，再朝而會以示威，再會而盟以顯昭明。』賈逵、服虔皆以爲朝天子之法，崔氏以爲朝霸主之法，鄭康成以爲不知何代之禮。」是鄭君解經之法，至此處則辭窮也。又王制本爲一篇，而鄭注或言殷制，或言夏制，或言記文、襄之制，割裂其文，以合他經，方能解之，然則經義益棼也。王制孔疏以孝經注與王制注不同，遂疑孝經注爲僞，皮錫瑞疏云：「鄭君先治今文，後治古文。注孝經在先，用今文說，與公羊、王制相合，自可信據。注禮在後，惑於古文異說，見左氏昭三年傳，子太叔言文、襄之霸，『令諸侯三歲而聘，五歲而朝』，與公羊、王制說同，故疑其是文、襄之制。又見古尚書說虞、夏之制，諸侯歲朝，古周禮說周之制，侯、甸、男、采、衛、要服六者，各以服數來朝，遂據古文而疑今文，不知古周禮、古尚書說未可偏據，亦並未言大小聘之歲數。鄭云王制作於赧王之後，其時左氏未出，不得以左氏駁王制。且公羊家何必用左氏義？既用左氏，又何至誤以文、襄之制爲古制乎？公羊、王制言諸侯事天子之法，左氏言諸侯事霸主之法，本不合。即如左氏之說，又安知文、襄剏霸，非據諸侯事天子之法爲事霸主法乎？鄭義當以孝經注爲定論，不必從禮記注。鄭注禮箋詩，前後違異甚多，孔疏執禮注疑孝經注，真一孔之見矣。」皮說是也。

注云「天子待之以客禮，此不敢遺小國之臣」者，邢疏引曲禮：「列國之大夫，入天子之國，曰『某士』。」并云：「諸侯言列國者，兼小大。是小國之卿、大夫有見天子之禮也。言雖至卑，盡來朝聘，則天子以禮接之。」天子以客禮待小國之臣，惟周官略有其制，故皮疏引之云：「周禮大行人曰：『凡大國之孤，執皮帛以繼小國之君。出入三積，不問，壹勞。朝位當車前。不交擯，廟中無相。以酒禮之。其他皆眂小國之君。』鄭注：『此以君命來聘者也。』又曰：『凡諸侯之卿，其禮各下其君二等，以下及其大夫、士皆如之。』鄭注：『此亦以君命來聘者也。』掌客：『凡諸侯之卿、大夫、士爲國客，則如其介之禮以待之。』鄭注：『言其聘問，待之禮，如其爲介時也。』此鄭言天子待聘臣之禮也。」

而況於公、侯、伯、子、男乎？古者諸侯五年一朝天子，天子使太子（治要作「世子」。）郊迎，芻禾（治要作「禾」，敦煌鄭注本作「和」，治要是也。）百車，以客禮待之。晝坐正殿，夜設庭燎，（燎，御覽作「尞」。）思與相見，問其勞苦。（御覽句末多一「也」字。）此天子以禮待諸侯。公、侯、伯、子、男，五等諸侯之尊爵也。公者，正也，當爲王者正行天道，二王之後也稱公。侯者，候也，當爲王者伺候非常。伯者，長也，當爲王者長治百姓。子者，慈也，當爲王者慈愛人民。男者，任也，當爲王者任其職治。及其封之地，公與侯各百里，（寫本「之」字下缺，存「公」字，陳鐵凡輯本補「之」下爲「地」字，林秀一輯本「公」下增「與侯各百里」，今從之。）伯七十里，子與男各五十里者，法雷也，雷震百里所潤同，七十里者半百里，五十里者半七十里。德不倍者，不異其爵。功不（寫本殘脫「功不」二字，據王制正義補。）倍者，不異其土。故轉相半，別優劣也。（王制正義所引句末無「也」字。）

【疏】「而況」至「男乎」　禮記王制：「王者之制祿爵，公、侯、伯、子、男，凡五等。」又云：「天子之田方千里，公、侯田方百里，伯七十里，子、男五十里。」注云「古者諸侯五年一朝天子」者，皮疏云：「公羊傳、王制、尚書大傳、白虎通朝聘篇皆云：『五年一朝。』」許慎五經異義云：「朝名，公羊說：諸侯四時見天子及相聘皆曰朝，以朝時行禮，卒而相逢於路曰遇。古周禮説：『春曰朝，夏曰宗，秋曰覲，冬曰遇。』許慎案：禮有覲經，詩曰：『韓侯入覲。』書曰：『江漢朝宗於海。』知有朝覲宗遇之禮。從周禮説。」鄭駁之云：「此皆有似不爲古昔。按覲禮曰：『諸侯前朝，皆受舍於朝。』朝通名。」五年一朝，從公羊説。

注云「天子使太子郊迎，芻禾百車，以客禮待之。晝坐正殿，夜設庭燎，思與相見，問其勞苦。此天子以禮待諸侯」者，白虎通朝聘曰：「朝禮奈何？諸侯將至京師，使人通命于天子，天子遣大夫迎之百里之郊，遣世子迎之五十里之郊矣。覲禮經曰：『至于郊，王使人皮弁用璧勞。』尚書大傳曰：『天子太子年十八曰孟侯，於四方諸侯來朝，迎于郊。』」御覽引大傳曰：「於郊者，問其所不知也。問人民之所好惡，土地所生，美珍怪異，山川之所有無。及父在時，皆知之。」鄭注：『孟，迎也。十八嚮入大學，爲成人，博問庶事也。』」皮疏引并云：「是鄭注大傳與注孝經義同。賈公彦儀禮疏引書大傳『太子出迎』之文，以爲異代之制，又引孝經鄭注『天子使世子郊迎』，『皆異代法，非周制也』。案：康誥『王若曰：孟侯』，依伏生、鄭君之義，以孟侯爲呼成王，則周初猶沿用世子迎侯之制，或周公制禮，始改之耳。」云「芻禾百車，以客禮待之」者，經惟周官載有此禮，故皮疏云：「周禮掌客：凡上公之禮，『車禾眡死牢，牢十車，車三秅，芻薪倍禾』。侯伯『禾四十車，芻薪倍禾』。子男『禾三十車，芻薪倍禾』。據周禮，五等之爵，禮待不同。侯伯以上，芻禾合計不止百車，此注舉成數而言耳。」云「晝坐正殿，夜設庭燎」者，詩庭燎：「夜未央，庭燎之光。君子至止，鸞聲將將。」毛傳云：「庭燎，大燭。君子，謂諸侯也。」疏曰：「庭燎者，樹之於庭，燎之爲明，是燭之大者，故云

『庭燎，大燭』也。」禮記郊特牲：「庭燎之百，由齊桓公始也。」鄭注云：「僭天子也。庭燎之差，公蓋五十，侯、伯、子、男皆三十。」此夜設庭燎之制也。云「思與相見，問其勞苦也」者，皮疏云：「周禮大行人：『上公之禮，三問三勞。諸侯、諸伯之禮，再問再勞。諸子、諸男之禮，壹問壹勞。』鄭注：『問，問不恙也。勞，謂苦倦之也。皆有禮，以幣致之。』此問勞苦之禮也。」天子之所以客禮待諸侯者，以諸侯不純臣也。毛詩臣工疏引五經異義云：「公羊説，諸侯不純臣。左氏説，諸侯者，天子蕃衛，純臣。」鄭玄駁許慎文云：「賓者，敵主人之稱。而禮，諸侯見天子，稱之曰賓，不純臣諸侯之明文矣。」白虎通王者不臣云：「王者不純臣諸侯何？尊重之，以其列土傳子孫，世世稱君，南面而治。凡不臣者，異于衆臣也。朝則迎之于著，覲則待之于阼階，升階自西階，爲庭燎，設九賓，享禮而後歸。是異于衆臣也。」是以客禮待諸侯，即不純臣之義也。

注云「公、侯、伯、子、男，五等諸侯之尊爵也」者，白虎通爵云：「爵者，盡也，各量其職，盡其才也。」廣韻：「爵，量也，量其職，盡其才也。」左傳隱元年「未王命，故不書爵」，服虔云：「爵者，醮也，所以醮盡其材也。」孔穎達王制疏云「爵者，盡也。」并引熊安生云：「醮盡其才而用之。」鄭注以經云「不敢遺小國之臣」，小國之臣，卑者也，故於「公、侯、伯、子、男」五等諸侯之爵，特言其尊爵也。

注云「公者，正也，當爲王者正行天道，二王之後也稱公」者，公爵有二，其一爲内爵，天子之三公也，其二即二王之後也。王制疏引元命苞云：「公者，爲言平也，公平正直。」白虎通云：「公者，通也，公正無私之意也。」又云：「公之爲言公正無私也。」邢疏引舊解云：「公者，正也，言正行其事。」公羊隱五年傳云：「天子三公稱公，王者之後稱公。」春秋隱三年，「八月，庚辰，宋公和卒。」何注云：「宋稱公者，殷後也。王者封二王後，地方百里，爵稱公，客待之而不臣也。」二王之後之所以稱公者，使其郊天，行其正朔服色，蓋以天下非一家一姓所有，故必通天三統也。異義引今文之義云：「公羊說：存二王之後，所以通天三統之義。禮郊特牲云：『天子存二代之後，猶尊賢也。尊賢不過二代。』」鄭駁異義亦云：「言所存二王之後者，命使郊天，以天子禮祭其始祖受命之王，自行其正朔服色，此之謂通天三統。」董仲舒繁露三代改制質文云：「王者之法，必正號，絀王謂之帝，封其後以小國，使奉祀之。下存二王之後以大國，使服其服，行其禮樂，稱客而朝。故同時稱帝者五，稱王者三，所以昭五端，通三統也。」白虎通三正云：「王者所以存二王之後何也？所以尊先王，通天下之三統也。明天下非一家之有，謹敬謙讓之至也。故封之百里，使得服其正色，行其禮樂，永事先祖。」公羊隱三年何休注云：「王者存二王之後，使統其正朔，服其服色，行其禮樂，所以尊先聖，通三統，師法之義，恭讓之禮，於是可得而觀之。」漢書劉向傳曰：「王者必通三統，明天命所受者博，非獨一姓也。」

注云「侯者，候也，當爲王者伺候非常」者，元命苞云：「侯者，候也，候王順逆。」白虎通云：「侯者，候也，候逆順也。」董子繁露深察名號云：「號爲諸侯者，宜謹視所候奉之天子也。」邢疏引舊解云：「侯者，候也，言斥候而服事。」

注云「伯者，長也，當爲王者長治百姓」者，元命苞云：「伯者，伯之爲言白也，明白於德也。」白虎通云：「伯者，白也。」邢疏引舊解云：「伯者，長也，爲一國之長也。」

注云「子者，慈也，當爲王者慈愛人民」者，元命苞云：「子者，奉恩宣德。」白虎通云：「子者，孳也，孳孳無已也。」邢疏引舊解云：「子者，字也，言字愛於小人也。」

注云「男者，任也，當爲王者任其職治」者，元命苞云：「男者，任功立業。」白虎通云：「男者，任也。」邢疏引舊解云：「男者，任也，言任王之職事也。」

注云「及其封之地，公與侯各百里，伯七十里，子與男各五十里者，法雷也，雷震百里所潤同，七十里者半百里，五十里者半七十里。德不倍者，不異其爵。功不倍者，不異其土。故轉相半，別優劣也」者，封國之制，王制云：「天子之田方千里，公侯田方百里，伯七十里，子男五十里。不能五十里者，不合於天子，附於諸侯曰附庸。」公羊隱五年傳「其餘大國稱侯」，何注云：「大國，謂百里也。」傳「小國稱伯、子、男」，何注云：「小國，謂伯七十里，子、男五十里。」是何氏據王制以注公羊也。繁露爵國：「天子邦圻千里，公、侯百里，伯七十里，子、男五十里。」孟子萬章下云：「天子一位，公一位，侯一位，伯一位，子、男同一位，凡五等也。」又云：「天子之制，地方千里，公侯皆方百里，伯七十里，子、男五十里，凡四等。不能五十里，不達於天子，附於諸侯，曰附庸。」王制、孟子、繁露、公羊何注之制皆同，并與鄭君此注同也。封國百里爲正，所法之説有異。王制注據元命苞以爲法日月星辰，孝經注據援神契以爲法雷。王制「天子之田方千里」，鄭注云：「象日月之大，亦取晷同也。」孔疏云：「按元命苞云『日圓望之廣尺，以應千里』，故云『象日月之大，亦取晷同也』者。按考靈耀云『地與星辰四遊升降於三萬里之中。夏至之景，尺有五寸，是半三萬里，得萬五千里』。故鄭注司徒云『凡日景於地，千里而差一寸』，是千里同一寸也。細而言之，就千里之內，亦漸漸分數不同。此云同一寸者，大略而言之，非但象日月大小，又取晷同，故云亦。」王制云公侯、伯、子男、附庸之封數，鄭注云：「皆象星辰之大小也。」孔疏云：「按元命苞云『王者封之，上應列宿之位』，注云『若角亢爲鄭，房心爲宋之比』。又云『其餘小國不中星辰者，以爲附庸』，是象星辰大小也。」是鄭注據元命苞以爲封國法日月星辰也。此言「法雷也，雷震百里所潤同」者，孟子萬章下趙岐注：「天子封畿千里，諸侯方百里，象雷震也。」據孟子所言，知此説之古矣。御覽引援神契云：「二王之後稱公，大國侯，皆千乘，象雷百里所潤雲雨同。」白虎通封公侯云：「諸侯封不過百里，象雷震百里所潤雲雨同也。雷者，陰中之陽也，諸侯象焉。諸侯比王者爲陰，南面賞罰爲陽，法雷也。七十里、五十里，差德功也。」白虎通爵：「公者，通也，公正無私之意也。侯者，候也，候逆順也。人皆千乘，象雷震百里所潤同。」易震「震驚百里，不喪匕鬯」。李鼎祚周易集解引鄭注：「雷發聲聞于百里，古者諸侯之象，諸侯出教令，能警戒其國。」御覽、初學記引論語讖曰：「雷震百里聲相附。」宋均注云：「雷動百里，故因以制國也。雷聲，謂諸侯之政教所至相附也。」初學記引尚書洪範五行傳曰：「正月雷微動而雉雊。雷，諸侯之象也。」後漢書光武紀建武二年正月，「博士丁恭議曰：『古帝王封諸侯不過百里，故利以建侯，取法於雷，強幹弱枝，所以爲治也。』」李賢注云：「易屯卦震下坎上，震爲雷，初九曰『利建侯』，又曰『震驚百里』，故封諸侯地方百里，以法雷也。」法雷之所以爲百里者，有易「震驚百里」之明文，御覽引酈炎對事存漢人舊説：「或曰：『雷震驚百里，何以知之？』炎曰：『以其數知之，夫陽動爲九，其數三十六，陰靜爲八，其數三十二。一陽動二陰，故曰百里雷。』」是也。百里爲封侯之正爵，而諸侯地有三等者，白虎通爵云：「百里兩爵，公侯共之。七十里一爵。五十里復兩爵何？公者，加尊二王之後。侯者，百里之正爵。上可有次，下可有第，中央故無二。五十里有兩爵者，所以加勉進人也。小國下爵，猶有尊卑。亦以勸人也。」此猶喪服至親以期斷，而後加隆殺也。公、侯之國方百里，則百百萬里。伯七十里，七七四千九百里，是公侯之半也。子、男五十里，五五二千五百里，是伯之半也。故王制孔疏云：「其七十里者倍減於百里，五十里者倍減於七十里，故孝經云『德不倍者，不異其爵，功不倍者，不異其土，故轉相半，別優劣。』」爵以德分，故德不倍者不異其爵，土以功分，故功不倍者不異其土，敦煌義疏云：「公與侯德異，故異其爵，而功略同，故同其土。侯與伯德倍，故異其爵，而功亦倍。」是也。

故得萬國之歡心，以事其先王。（治要作「事其先王也」。）古者天子五年一巡狩，（王制正義所引「天子」後多一「亦」字。）勞來諸侯。諸侯五年一朝天子，貢國所有，各以其職來助祭宗廟，（寫本殘脱「宗廟」二字，據治要補。）故得萬國之歡心，以事其先王。

【疏】「故得」至「先王」　「萬國」者，許慎五經異義云：「公羊説，殷三千諸侯，周千八百諸侯。

古春秋左氏傳説，『禹會諸侯于塗山，執玉帛者萬國』。唐虞之地萬里，容百里地萬國。其侯、伯七十里，子、男五十里，餘爲天子閒田。謹案：易曰：『萬國咸寧。』尚書云：『協和萬邦。』從左氏説。」鄭駁之云：「而諸侯多少，異世不同。萬國者，謂唐、虞之制也。武王伐紂，三分有二，八百諸侯，則殷末諸侯千二百也。至周公制禮之後，准王制千七百七十三國，而言周千八百者，舉其全數。」孝經皮疏云：「穀梁隱八年傳注云：『周有千八百諸侯』，疏云：『見孝經説。』漢書地理志云：『周爵五等，而土三等』，『蓋千八百國』。衛宏漢官儀云：『古者諸侯治民，周以上，千八百諸侯是也。』皆與孝經説同。蓋孝經古説以爲周有千八百諸侯，無萬國。孝經言『萬國』者，乃唐、虞、夏之制。以堯典言『協和萬國』，左傳言『禹合諸侯於塗山，執玉帛者萬國』，有明文可據也。鄭注禮，駁異義，皆用其説。」鄭知此經既言「萬國」，則非周制，故不以周官注此經，而與注尚書、禮記、論語諸經皆異也。「先王」者，本經言「先王」有六，一者特指三王之先，開宗明義章「先王有至德要道」是也。一者泛言先代制法之王，三才章「先王見教之可以化民也」是也。一者言本朝已故之王，卿大夫章「非先王之法服不敢服，非先王之法言不敢道，非先王之德行不敢行」及此經「以事其先王」是也。天子無父，故所事者先王也。呂氏春秋孝行覽：「人主孝，則名章榮，下服聽，天下譽。」高誘注：「譽，樂也。」孔子曰：『昔者明王之以孝治天下也，不敢遺小國之臣，而況於公侯伯子男乎？故得萬國之歡心。』」

注云「古者天子五年一巡狩，勞來諸侯」者，巡狩之義，孟子梁惠王下云：「天子適諸侯，曰巡狩。巡狩者，巡所守也。」白虎通巡狩云：「王者所以巡狩者何？巡者，循也。狩者，牧也。爲天下巡行守牧民也。道德太平，恐遠近不同化，幽隱有不得所者，故必親自行之，謹敬重民之至也。考禮義，正法度，同律曆，叶時月，皆爲民也。」公羊隱八年何注云：「王者所以必巡守者，天下雖平，自不親見，猶恐遠方獨有不得其所，故三年一使三公絀陟，五年親自巡守。巡，猶循也；守，猶守也，循行守視之辭，亦不可國至人見爲煩擾，故至四嶽，足以知四方之政而已。」風俗通曰：「巡者，循也；狩者，守也。道德太平，恐遠近不同化，幽隱有不得所者，故自親行也，所以五載一出者，蓋五歲再閏，天道大備，循功考德，黜陟幽明也。」巡狩之法，王制云：「歲二月，東巡守，至於岱宗。柴而望，祀山川。覲諸侯，問百年者就見之。命大師陳詩，以觀民風。命市納賈，以觀民之所好惡，志淫好辟。命典禮，考時、月，定日，同律、禮、樂、制度、衣服，正之。山川神祇，有不舉者爲不敬，不敬者君削以地。宗廟有不順者爲不孝，不孝者君絀以爵。變禮易樂者爲不從，不從者君流。革制度衣服者爲畔，畔者君討。有功德於民者，加地進律。五月南巡守，至於南嶽，如東巡守之禮。八月西巡守，至於西嶽，如南巡守之禮。十有一月北巡守，至於北嶽，如西巡守之禮。歸假于祖禰，用特。」白虎通引尚書大傳同。巡狩之所以五載者，皮疏云：「堯典：『五載一巡守。』王制：『天子五年一巡守。』鄭注：『天子以海内爲家，時一巡省之。五年者，虞、夏之制也。』白虎通巡守篇曰：『所以不歲巡守何？爲太煩也。過五年，爲太疏也。因天道時有所生，歲有所成。三歲一閏，天道小備；五歲再閏，天道大備。故五年一巡守，三年，二伯出，述職黜陟。』公羊隱八年傳解詁曰：『王者所以必巡守者，天下雖平，自不親見，猶恐遠方獨有不得其所，故三年一使三公黜陟，五年親自巡守。』御覽引逸禮曰：『所以五年一巡守何？五歲再閏，天道大備是也。』錫瑞案：白虎通諸説皆不云五年巡守爲虞、夏制，蓋今文説此爲古制皆然。鄭注禮，見周禮有『十有二歲，王巡守殷國』之文，乃分別五年巡守爲虞、夏制。鄭注孝經用今文説，故不分別其辭，當亦以五年爲通制矣。」皮説是也。蓋天子巡狩四岳，考德定禮，皆爲天下，故能得萬國之歡心也。「勞來諸侯」，即上注「天子使太子郊迎，芻禾百車，以客禮待之。晝坐正殿，夜設庭燎，思與相見，問其勞苦，此天子以禮待諸侯。」

注云「諸侯五年一朝天子，貢國所有，各以其職來助祭宗廟，故得萬國之歡心，以事其先王」者，五年一朝，見上疏。諸侯朝天子而助祭，白虎通朝聘云：「緣臣子欲知其君父無恙，又當奉土地所生珍物以助祭，是以皆得行聘問之禮也。」又云：「五年一朝，備文德而明禮義也。因用朝時見，故謂之朝。言諸侯當時朝于天子。朝用何月？皆以夏之孟四月，因留助祭。」

公羊桓元年傳：「諸侯時朝乎天子。」何休注亦云「王者亦貴得天下之歡心，以事其先王，因助祭以述其職」是也。邢疏云：「言明王能以孝道理於天下，則得諸侯之懽心，以事其先王也。各以其職來祭者，謂天下諸侯各以其所職貢來助天子之祭也。知者，禮器云『大饗其王事與』，注云：『盛其饌與貢，謂祫祭先王。』又云『三牲、魚腊，四海九州之美味也，籩豆之薦，四時之和氣也。』注云：『此饌，諸侯所獻。』又云『內金，示和也』，注云：『此所貢也，內之庭實先設之。金從革，性和，荆、揚二州貢金三品。』又云『束帛加璧，尊德也』，注云：『貢享所執致命者，君子於玉比德焉。』又云

『龜爲前列，先知也』，注云：『龜知事情者，陳於庭，在前。荆州納錫大龜。』又云『金次之，見情也』，注云『金炤物。金有兩義，先入後設。』又云『丹、漆、絲、纊、竹、箭，與衆共財也』，注云：『萬民皆有此物，荆州貢丹，兗州貢漆、絲，豫州貢纊，揚州貢篠簜。』又云『其餘無常貨，各以國之所有，則致遠物也』，注云：『其餘，謂九州之外夷服、鎮服、蕃服之國。周禮九州之外謂之蕃國，世一見，各以其所貴寶爲贄。周穆王征犬戎，得白狼白鹿，近之。』大傳云：『遂率天下諸侯，執豆籩，駿奔走。』又周頌曰：『駿奔走在廟。』此皆助祭者也。」

治國者不敢侮於鰥寡，而況於士民乎？治國者，謂諸侯。（「謂諸侯」，治要作「諸侯也」。）六十無妻曰鰥，五十無夫曰寡。（詩桃夭正義引作「丈夫六十無妻曰鰥，婦人五十無夫曰寡也。」）士，人中知義理。弱者不見侵，強者不失職。**故得百姓之歡心，以事其先君。**綏強以禮，撫弱以仁，競奉所有，祭其先王也。

【疏】「治國」至「先君」　百姓者，于啓香草校書云：「百姓有兩解，舊詁多謂百官，後儒以庶民爲百姓。求之古籍，凡言百姓，兩義實各具，惟此文之百姓，乃并兼兩義而有之，正以承上文之鰥寡、士民而言也。士既兼卿大夫，則百姓者實兼百官庶民矣。」于説是也，「百姓」兼弱者至鰥寡，強者至士民也。「先君」者，以治國者爲諸侯，白虎通封公侯云：「何以言諸侯繼世？以立諸侯象賢也。」王制云：「天子之縣內諸侯，禄也。外諸侯，嗣也。」是諸侯世及，故云先君也。

注云「治國者，謂諸侯」者，邢疏云：「周禮云『體國經野』，詩曰『生此王國』，是其天子亦言國也。易曰：『先王以建萬國，親諸侯。』是諸侯之國。上言明王理天下，此言理國，故知諸侯之國也。」

注云「六十無妻曰鰥，五十無夫曰寡」者，王制云：「少而無父者謂之孤，老而無子者謂之獨，老而無妻者謂之矜，老而無夫者謂之寡。此四者，天民之窮而無告者也，皆有常餼。」疏引劉熙釋名云：「無妻曰鰥，愁悒不能寐，目恒鰥鰥然，其字從魚，魚目恒不閉。無夫曰寡，寡，倮也，倮然，單獨也。」毛詩桃夭序「老而无妻曰鰥」，疏引孝經注此文，并云：「知如此爲限者，以內則云『妾雖老，年未滿五十，必與五日之御』，則婦人五十不復御，明不復嫁矣，故知稱寡以此斷也。士昏禮注云『姆，婦人年五十出而無子者』，亦出於此也。本三十男，二十女爲昏。婦人五十不嫁，男子六十不復娶，爲鰥、寡之限也。巷伯傳曰『吾聞男女不六十不間居』，謂婦人也。內則曰『唯及七十，同藏無間』，謂男子也。此其差也。」案：王制以鰥寡孤獨爲「天民之窮而無告者」，則諸侯不侮於鰥寡，是恤民之至窮者也。至窮者得不侮，則士民皆得安可知，故能得一國百姓之歡心，保社稷，和民人，而致孝於先君也。

注云「士，人中知義理」者，士章云：「別是非，知義理，謂之爲士。」又云：「士知義理，則知父母己所從生也。」此重出者，以經云「士民」，故別出「士」之注，以與「民」別也。

注云「弱者不見侵，強者不失職」者，弱者，謂鰥寡也。強者，謂士民也。

治家者不敢失於臣妾之心，刊本無「之心」二字，唐寫本皆有，可知此唐明皇所臆删也。**而況於妻、子乎？**治家者，謂諸卿大夫。明皇御注據鄭注云：「治家，謂卿大夫。」臣，男子賤稱。妾，婦人名。妻、子承奉宗廟，家之貴者，務取和同。**故得人之歡心，以事其親。**小大盡節，恭敬安親。

【疏】「治家」至「其親」　「治家者不敢失於臣妾之心」者，上天子云「不敢遺小國之臣」，諸侯云「不敢侮於鰥寡」，劉炫述議云：「『不遺』、『不侮』、『不失』，文不同者，遺謂意不存録，侮謂忽慢其人，失謂不得其意。以小國之臣位卑，恐簡其禮，故云『不遺』。鰥寡之人劣弱，失在侵陵，故云『不侮』。臣妾營事生産，宜得其心力，故云『不失』。雖準人爲文，亦意相通也。」「人之歡心」者，人包上賤至臣妾，尊至妻子，即其家人也。「以事其親」者，上天子言「先王」，諸侯言「先君」，此直言「其親」者，敦煌義疏云：「此不云『先親』，而直云親者，其有以也。王侯繼世，故繼者先君，而卿大夫不保世，唯賢是授，身爲大夫，其父或今在，故漫言其親。」案：據此可知孝經之禮非周禮。許慎五經異義云：「卿得世不？公羊、穀梁説，卿大夫世，則權並一姓，妨塞賢路，專政犯君，故經譏周尹氏、齊崔氏也。左氏説，卿大夫得世禄，不得世位，父爲大夫死，子得食其故采，而有賢才則復升父故位。故傳曰：『官有世功，則有官族。』」謹案：易爻位三爲三公，二爲卿大夫，訟六三曰『食舊德』。『食舊德』謂食父故禄也。尚書：『古我先王，暨乃祖乃父，胥及逸勤。予不敢動用非罰，世選爾勞，予不絶爾善』。論語曰：『興滅國，繼絶世。』國謂諸侯，世謂卿大夫。詩云：『凡周之士，不顯亦世。』孟子曰：『文王之治岐也，仕者世禄。』知周制世禄也。從左氏義。」公羊隱三年傳云：「譏世卿。世卿，非禮也。」何休云：「世卿者，父死子繼也。」又云：「禮，公卿大夫、士皆選賢而用之。卿大夫任重職大，不當世，爲其秉政久，恩德廣大。小人居之，必奪君之威權，故尹氏世，立王子朝；齊崔氏世，弑其君光，君子疾其末則正其本。」王制云天子之縣内「大夫不世爵」，「諸侯之大夫，不世爵禄。」白虎通封公侯云：「大夫不世位何？股肱之臣任事者也。爲其專權擅勢，傾覆國家。又曰：孫首也庸，不任輔政。妨塞賢路，故不世位。」又云：「諸侯世位，大夫不世，安法？以諸侯南面之君，體陽而行，陽道不絶。大夫人臣北面，體陰而行，陰道有絶。」故世卿，爲周法，不世卿，爲孔子所立法也。此經云「以事其親」，則其親存，惟行選舉之法，卿大夫不世其位，方有親存可事也。是故論語、孝經同爲孔子之言，而鄭注論語專以周官之義爲説，而注孝經，則無一用周官，而多引王制、白虎通、公羊傳、緯書之文，且有與他經之注相悖之語。遂使疏者疑惑，反疑孝經注非鄭君所作。若以鄭君之見，論語爲孔門師弟言行實録，其言其行，皆在周世。而周官又周公致太平之書，以當時政書解當時聖賢言行，固理所必然也。而孝經則是孔子制作六經，立其新法之後，懼六經旨意殊别，其道離散，故爲曾子演説此經，以總會六經之道，且據孝經本文，如本章言「萬國」，「以事其親」，皆與周官之制不合，故鄭君遂以王制、白虎通、公羊傳、緯書諸説注孝經，此鄭君之卓見也。注云「治家者，謂諸卿大夫」者，鄭注禮記曲禮「凡家造，祭器爲先」云：「大夫稱家。」何休注公羊桓四年「孔父之家」亦云：「大夫稱家。」論語公治長「百乘之家」，孔傳云：「卿大夫稱家。」季氏「有國有家者」，孔傳云：「家，卿大夫。」易師「開國承家」，荀注云：「承家，立大夫也。」劉炫述議云：「以此『家』爲大夫，非徒孔爲此説，先儒盡然。案：此章大意言先王以孝治天下，致使災害不生，禍亂不起。諸侯以下悉宜包之，則『治家』之言，乃可兼及士庶，非獨卿大夫也。士庶以下，豈得失於臣妾而侮慢妻子乎？」劉炫不知孝經非獨立一經，必使置於群經之中解之，經言治家者有妻、子、臣、妾，則非士庶之家也。諫諍章言「天子有爭臣七人」，「諸侯有爭臣五人」，「大夫有爭臣三人」，復言「士有爭友」，於士不言爭臣，故鄭注云：「士卑無臣，故以賢友助己。」士無臣，故此治家者惟指卿大夫也。

注云「臣，男子賤稱。妾，婦人名」者，皮疏引周禮冢宰：「八曰臣妾，聚斂疏材。」并鄭注云：「臣妾，男女貧賤之稱。晉惠公卜懷公之生，曰：『將生一男一女，男爲人臣，女爲人妾。』生而名其男曰圉，女曰妾。及懷公質於秦，妾爲宦女焉。」書費誓「臣妾逋逃」，鄭注云：「臣妾，厮役之屬也。」白虎通謚云：「八妾所以無謚何？亦以卑賤，無所能豫，猶士卑小，不得有謚也。」通典引五經通義云：「妾無謚，亦以卑賤，無所能與，猶士卑小，不得謚也。」此皆言臣妾卑賤也。

注云「妻子承奉宗廟，家之貴者，務取和同」者，妻子承奉宗廟，如禮記禮器云：「太廟之内敬矣，君親牽牲，大夫贊幣而從。君親制祭，夫人薦盎。君親割牲，夫人薦酒。卿大夫從君，命婦從夫人。」禮記哀公問孔子答哀公云：「昔三代明王之政，必敬其妻、子也，有道。妻也者，親之主也，敢不敬與？子也者，親之後也，敢不敬與？」孔疏云：「『妻也者，親之主也』，言妻所以供粢盛祭祀，與親爲主，故云『親之主』也。」既云「三代明王」，與此經開宗明義章以「先王」爲禹，本章言「昔者明王」合，妻爲親主，子爲親後，故皆家之貴者也。

注云「小大盡節，恭敬安親」者，邢疏曰：「小謂臣妾，大謂妻子也。」是也。

夫然，故生則親安之，養則致其樂，故親安之。治要句末多一「也」字。**祭則鬼享之，**祭則致其嚴，故鬼饗之也。治要句末無「也」字。

【疏】「夫然」至「享之」　「夫然」者，即上天子得萬國之歡心，諸侯得百姓之歡心，卿大夫得家人之歡心，是民用和睦，上下無怨也。「故」下所言，泛指天下生則親安，祭則鬼享。董子繁露祭義云：「君子之祭也，躬親之，致其中心之誠，盡敬潔之道，以接至尊，故鬼享之。」王符潛夫論正列云：「孝經云：『夫然，故生則親安之，祭則鬼享之。』由此觀之，德義無違，鬼神乃享，鬼神受享，福祚乃隆。」

注云「養則致其樂，故親安之」者，紀孝行章云「養則致其樂」，鄭注云：「樂竭歡心，以事其親。」謂孝子皆致其樂於親，則親安也。

注云「祭則致其嚴，故鬼饗之也」者，紀孝行章云「祭則致其嚴」，鄭注云：「齊必變食，居必遷坐，敬忌踧踖，若親存也。」

是以天下和平，上下無怨，故曰和平。〔治要無「曰」字。〕**災害不生，**風雨時節，百穀熟成。〔治要作「風雨順時，百穀成孰」。〕**禍亂不作。**君惠、臣忠、父慈、子孝，是以天下禍亂無因得起。〔治要無「天下」二字，「因」作「緣」。〕**故明王之以孝治天下如此。**〔刊本「天下」後多一「也」字。〕故上明王所以災害不生，禍亂不作，以其孝治天下，故致如此。〔治要「如」作「於」。〕

【疏】「是以」至「如此」　「是以」以下，言孝治天下之效也。董仲舒繁露郊語云：「天下和平，則災害不生。今災害生，見天下未和平也。天下所未和平者，天子之教化不行也。」漢書鍾離意傳云：「百姓可以德胜，难以力服。先王要道，民用和睦，故能致天下和平，灾害不生，祸乱不作。」漢書禮樂志云：「王者必因前王之禮，順時施宜，有所損益，即民之心，稍稍制作，至太平而大備。周監於二代，禮文尤具，事爲之制，曲爲之防，故稱禮經三百，威儀三千。於是教化浹洽，民用和睦，災害不生，禍亂不作，囹圄空虛，四十餘年。」

注云「上下無怨，故曰和平」者，皮疏引左氏昭二十年傳曰：「若有德之君，外內不廢，上下無怨。」孔疏曰：「此猶如孝經『上下無怨』也，言人臣及民上下無相怨耳。服虔云：『上下謂人神無怨。』」并云：「鄭義當如服虔説，與下『災害不生』意合。」案：孔疏引開宗明義章「上下無怨」，以爲人臣及民，上下無相怨，與服虔以爲人神無怨異。皮氏以爲鄭注孝經同於服注左傳，然左傳原文本言人神之事，故服虔引傳之上文「人生無怨」以解「上下」之意。漢末經注多隨文取義，不可執左氏服注以解此鄭注，皮疏非也。鄭注云「上下無怨」，用開宗明義章文，皆爲天子至於庶人也。

注云「風雨時節，百穀熟成」者，淮南子云：「風雨時節，五穀登孰。」太平經云：「風雨爲其時節，萬物爲其好茂，百姓爲其無言。」又云：「風雨時節，萬物生多長。」邢疏引皇侃云：「天反時爲災，謂風雨不節。地反物爲妖，妖即害物，謂水旱傷禾稼也。」是故「風雨時節，百穀熟成」即災害不生也。

注云「君惠、臣忠、父慈、子孝，是以天下禍亂無因得起」者，論語顔淵孔子對齊景公曰：「君君，臣臣，父父，子子。」皇侃云：「君行君德，故云君君也，君德謂惠也。臣當行臣禮，故云臣臣也，臣禮謂忠也。父爲父法，故云父父也，父法謂慈也。子爲子道，故云子子也，子道謂孝也。」君臣父子之德，於此經注同。皮疏云：「禮運曰：『父慈、子孝、兄良、弟弟、夫義、婦聽、長惠、幼順、君仁、臣忠，十者謂之人義。講信修睦，謂之人利。爭奪相殺，謂之人患。』禮言十義，則無爭奪相殺之患也。左氏隱四年傳：『君義，臣行，父慈，子孝，兄愛，弟敬，所謂六順也。』『去順效逆，所以速禍也。』傳言六順，則無去順效逆之禍也。鄭言『禍亂無緣得起』，歸本於『君惠、臣忠、父慈、子孝』，即記與傳之意。但言君、臣、父、子，舉其尤要者耳。」案：皮引左傳文爲隱三年，非四年也。邢疏引皇侃云：「善則逢殃爲禍，臣下反逆爲亂也。」君惠、臣忠、父慈、子孝，則天下無禍亂之事也。

注云「故上明王所以災害不生，禍亂不作，以其孝治天下，故致如此」者，漢書魏相傳魏相云：「明王謹於尊天，慎於養人，故立羲和之官以乘四時，節授民事。君動静以道，奉順陰陽，則日月光明，風雨時節，寒暑調和。三者得敘，則災害不生，五穀熟，絲麻遂，草木茂，鳥獸蕃，民不夭疾，衣食有餘。若是，則君尊民説，上下亡怨，政教不違，禮讓可興。」

詩云：『有覺德行，四國順之。』」覺，大也。有大德，行四方之國，順而行之，化流明矣。治要「行之」後多一「也」字，無「化流明矣」。

【疏】「詩云」至「順之」引詩大雅蕩之什抑之語也。注云「覺，大也。有大德，行四方之國，順而行之，化流明矣」者，毛詩鄭箋云：「有大德行，則天下順從其政。」與此注合。繁露郊語云：「詩曰：『有覺德行，四國順之。』覺者著也，王者有明著之德行於世，則四方莫不響應，風化善於彼矣。」

聖治章第九

【疏】邢昺云：「此言曾子聞明王孝治以致和平，因問聖人之德，更有大於孝否？夫子因問而説聖人之治，故以名章，次孝治之後。」

曾子曰：「敢問聖人之德，無以加於孝乎？」曾子見上明王孝治天下，致於和平，災害不生，禍亂不作，以爲聖人合天地，當有異於孝乎？故問之也。**子曰：「天地之性，人爲貴。**貴其異於萬物。治要句末多一「也」字。**人之行，莫大於孝。**孝者，德之本，又何加焉。

【疏】「曾子」至「於孝」云「天地之性，人爲貴」者，禮記祭義樂正子春言聞諸曾子，曾子聞諸夫子曰：「天之所生，地之所養，無人爲大。」曾子所聞，正此義也。性者，生也。論語公治長子貢曰：「夫子之文章，可得而聞也，夫子之言性與天道，不可得而聞也。」鄭玄注云：「性，謂人受血氣以生，賢愚吉凶。」劉寶楠論語正義釋鄭云：「受血氣則有形質，此『性』字最初之誼。」其説是也。禮記樂記「方以類聚，物以群分，則性命不同矣」，鄭注云：「性之言生也。」禮記中庸「天命之謂性」，鄭注引孝經説云：「性者，生之質命，人所稟受度也。」此皆以生言性也。荀子王制云：「水火有氣而無生，草木有生而無知，禽獸有知而無義，人有氣、有生、有知，亦且有義，故最爲天下貴也。力不若牛，走不若馬，而牛馬爲用，何也？曰：人能群，彼不能群也。人何以能群？曰：分。分何以能行？曰：義。故義以分則和，和則一，一則多力，多力則強，強則勝物，故宫室可得而居也。故序四時，裁萬物，兼利天下，無它故焉，得之分義也。」董仲舒對漢武帝問云：「人受命于天，固超然異於群生，入有父子兄弟之親，出有君臣上下之誼，會聚相遇，則有耆老長幼之施，粲然有文以相接，驩然有恩以相愛，此人之所以貴也。生五穀以食之，桑麻以衣之，六畜以養之，服牛乘馬，圈豹檻虎，是其得天之靈，貴於物也。故孔子曰：『天地之性人爲貴。』」班固漢書刑法志亦云：「夫人宵天地之貌，懷五常之性，聰明精粹，有生之最靈者也。爪牙不足以供耆欲，趨走不足以避利害，無毛羽以禦寒暑，必將役物以爲養，任智而不恃力，此其所以爲貴也。」人之貴者，其性最靈，異於萬物，又能裁制萬物也。鹽鐵論刑德文學曰：「傳曰：『凡生之物，莫貴於人。人主之所貴，莫重於人。』故天生萬物以奉人也，主愛人以順天也。」案：漢人引此經，以人爲類稱，皆爲天生，設政施教，則不能有異。故王莽始建國元年詔禁奴婢買賣，其言云：「又置奴婢之市，與牛馬同蘭，制於民臣，顓斷其命。姦虐之人因緣爲利，至略賣人妻子，逆天心，誖人倫，繆於『天地之性人爲貴』之義。」光武詔令，亦云：「天地之性人爲貴，其殺奴婢，不得減罪。」白虎通誅伐云：「父煞其子當誅何？以爲『天地之性人爲貴』，人皆天所生也，託父母氣而生耳，王者以養長而教之，故父不得專也。」後漢書張敏傳載敏反輕侮法，云：「臣愚以爲天地之性，唯人爲貴，殺人者死，三代通制。今欲趣生，反開殺路，一人不死，天下受敝。」

云「人之行，莫大於孝」者，劉向說苑建本云：「天之所生，地之所養，莫貴乎人。人之道，莫大乎父子之親，君臣之義。」又云：「夫子亦云：『人之行莫大於孝。』孝行成於內，而嘉號布於外，是謂建之于本而榮華自茂矣。」案：以政教言，「天地之性，人爲貴」者，人爲天地所生，人之於天地，無論父子、君臣，俱無差等也。「人之行，莫大於孝」者，人爲父母所生，皆在人倫之中，故不能無差等也。

注云「曾子見上明王孝治天下，致於和平，災害不生，禍亂不作，以爲聖人合天地，當有異於孝乎？故問之也」者，聖人之德，易：「夫大人者，與天地合其德，與日月合其明，與四時合其序，與鬼神合其吉凶。」白虎通聖人云：「聖人者何？聖者，通也，道也，聲也。道無所不通，明無所不照，聞聲知情，與天地合德，日月合明，四時合序，鬼神合吉凶。」鄭君以上章經云「昔者明王之以孝治天下」，乃至於「天下和平，災害不生，禍亂不作」，而此曾子復問「聖人之德，無以加於孝乎」，是聖人之德合於天地，而孝僅爲德本而已，以聖德之深遠，孝德之淺近，何以謂聖人之德無以加於孝也？

注云「貴其異於萬物」者，邢疏云：「夫稱『貴』者，是殊異可重之名。」案禮運曰：『人者五行之秀氣也。』尚書曰：『惟天地萬物父母，惟人萬物之靈』，是異於萬物也。」賀瑒義疏云：「天地之物，有性靈者，唯人最爲貴。貴者少進之理。」皇侃疏曰：「性者，生也。貴者，可重。言一切萬品，皆爲天地生。天地生之中，唯人最可重，故云人爲貴。」北史蘇綽傳云：「天地之性，唯人爲貴。明其有中和之心，仁恕之行，異於木石，不同禽獸，故貴之耳。」

注云「孝者，德之本，又何加焉」者，用開宗明義章文。

孝莫大於嚴父，莫大於尊嚴其父，教之若君。**嚴父莫大於配天，**尊嚴其父，莫大於配天也。治要句末，無「也」字。生事敬愛，死爲神主也。抄本「配天也」下無「生事敬愛，死爲神主也」，據治要補。**則周公其人也。**尊嚴其父，配食天者，周公爲之。寫本「其父」下殘缺，據治要補。

【疏】云「孝莫大於嚴父，嚴父莫大於配天，則周公其人也」者，言孝行衆多，而其至大者，莫過於尊嚴其父，尊嚴其父之行衆多，而其至大者，莫過於以父配天。孟子萬章云：「孝子之至，莫大乎尊親。尊親之至，莫大乎以天下養。」孟子之言「尊親」，即孝經「嚴父」之意。以天下養，是生時；嚴父配天，是死後，其意一也。朱子孝經刊誤云：「但嚴父配天，本因論武王、周公之事，而贊美其孝之詞，非謂凡爲孝者皆欲如此也。又況孝之所以爲大者，本自有親切處，而非此之謂乎？若必如此而後爲孝，則是使爲人臣子者皆有矜將之心，而反陷於大不孝矣。」語類又云：「説『孝莫大于嚴父，嚴父莫大于配天』，則豈不害理。儻如此，則須是如武王、周公方能盡孝道，尋常人都無分盡孝道也，豈不啟人僭亂之心。」案：朱子以聖人可學而至，學六經以求聖人之心，學做聖人，其學不在聖人制法之美備，而在以聖言反求諸己，故讀「孝莫大於嚴父，嚴父莫大于配天」，不求周公大聖之法所以美，而求周公尊嚴其父之心所以切，因此而學周公之孝，則是學其嚴父配天，此必至於啟發僭亂之心。劉炫述議云：「人子之道，孝養之義，當守禮以奉親，稱情以行禮也。若使禮得施用，財足備儀，人各斋之而不祭，固不可矣。禮所不得，財非己有，竊之以薦獻，又將可乎？若三家之視桓楹，季氏之舞八佾，豈徒君子之所不爲，亦是鬼神之所不饗。由此言之，周公之郊天、宗祀，孔子之疏食、菜羹，其於尊嚴亦無異矣。但名位是聖人之大寶，配天是孝道之高致，故舉配天之禮以爲嚴父之極，非謂不配天者爲不嚴也。」劉氏之説是也。

注云「莫大於尊嚴其父，教之若君」者，皮疏云：「鄭注以『嚴』爲『尊嚴』者，孟子『無嚴諸侯』注、呂覽審應『使人戰者嚴駔也』注，皆曰：『嚴，尊也。』禮大傳『收族故宗廟嚴』注：『嚴，猶尊也。』漢書平當傳注：『嚴，謂尊嚴。』是尊、嚴同義也。」云「教之若君」者，易家人卦曰：「家人有嚴君焉，父母之謂也。」是尊嚴其父，以之爲嚴君也。案：經文本屬泛言，故鄭注亦泛言其理，蓋以君位尊，故特言「教之若君」，以示嚴父之意。

注云「尊嚴其父，莫大於配天也。生事敬愛，死爲神主」者，鄭注以尊嚴其父之法，在教之若君，天子爲君中最尊者，故嚴父之至，即天子祭天，以其父配也。皮疏云：「續漢志注引鉤命訣曰：『自外至者，無主不止；自内出者，無匹不行。』公羊宣三年傳：『自内出者，無匹不行。自外至者，無主不止。』何氏解詁曰：『必得主人乃止者，天道闇昧，故推人道以接之。』喪服小記鄭注引『自外至者，無主不止』，疏云：『外至者，天神也。主者，人祖也。故祭以人祖配天神也。』白虎通郊祀篇曰：『王者所以祭天何？緣事父以事天也。祭天必以祖配何？自内出者，無匹不行，自外至者，無主不止。故推其始祖，配以賓主，順天意也。』禮運曰：『禮行於郊，而百神受職焉。』然則郊配天神，即爲百神之主。明堂配帝，亦同此義。或以祖配，或以父配，皆死爲神主矣。」

注云「尊嚴其父，配食天者，周公爲之」者，禮記祭法言四代之祭云：「有虞氏禘黄帝而郊嚳，祖顓頊而宗堯。夏后氏亦禘黄帝而郊鯀，祖顓頊而宗禹。殷人禘嚳而郊冥，祖契而宗湯。周人禘嚳而郊稷，祖文王而宗武王。」鄭注云：「有虞氏以上尚德，禘、郊、祖、宗，配用有德者而已。自夏已下，稍用其姓代之。」孔疏云：「云『有虞氏以上尚德，禘、郊、祖、宗，配用有德者而已』者，以虞氏禘、郊、祖、宗之人皆非虞氏之親，是尚德也。云『自夏已下，稍用其姓代之』者，而夏之郊用鯀，是稍用其姓代之。但不盡用己姓，故云稍也。」三代禘、郊、祖、宗之法，文獻不足徵也。夏法，左傳哀元年傳曰：「祀夏配天」，於禮無徵。殷法，書多士云「殷王亦罔敢失帝，罔不配天其澤」，君奭云「殷禮陟配天，多歷年所」，太甲云「先王惟时懋敬厥德，克配上帝」，詩文王云「殷之未喪師，克配上帝」，雖有配天之文，未必爲尊父祖以配食之禮。然據祭法，有虞氏處大同，行禪讓，尚德，故禘、郊、祖、宗，配用有德。夏、殷始爲小康，傳子，尚禮，故禘、郊、祖、宗，皆用同姓，然不必其父。惟至周公之後，思兼三王，法監二代，故首行嚴父配天之法，郊祀推父至於始祖，宗祀直以父配，孔子作孝經以通六藝之道，見孝之爲至德，爲德之本，爲人行之至大，周公所立之法最見其極，故專舉周公此嚴父配天之法也。蓋周三聖相承，法定於周公，故經專舉「周公其人」，注亦云「周公爲之」也。

昔者周公郊祀后稷以配天，郊者，祭天之名，在國之南郊，故謂之郊。后稷者，是堯臣，周公之始祖。治要存「后稷者，周公始祖。」嚴可均輯本加「東方青帝靈威仰，周爲木德，威仰木帝」，皮錫瑞疏又加：「以后稷配蒼龍精也。」寫本皆無其文。自外至者，無主不止，故推始祖配天而食之。**宗祀文王於明堂以配上帝，**文王，周公之父。明堂，即天子布政之宮。治要無「即」字。上帝者，天之別名。治要句末多一「也」字。神無二主，故異其處，避后稷。嚴輯本句末多一「也」字。明堂之制，八窗四闥，上圓下方，在國之南。故乃稱之曰明堂。寫本「曰」下殘缺，據文意應爲「明堂」。邢疏引鄭玄云：「明堂居國之南，南是明陽之地，故曰明堂。」是既引且釋，故「南是明陽之地」一句爲解釋之文，非鄭注也。周公行孝於朝，越裳重譯來貢，故得萬國之歡心也。**是以四海之內，各以其職來助祭。**「裳」，寫本訛作「常」，據治要改。「故」，治要作「是」。**夫聖人之德，又何以加於孝乎？**孝弟之至，通於神明，豈聖人所能加也。治要句末無「也」字。

【疏】「昔者」至「孝乎」上云「嚴父莫大於配天」，而此配天先云郊祀始祖后稷，再言宗祀其父文王者，漢書平當傳平當云：「孝經曰：『天地之性人爲貴，人之行莫大於孝，孝莫大於嚴父，嚴父莫大於配天，則周公其人也。』夫孝子善述人之志，周公既成文武之業而制作禮樂，修嚴父配天之事，知文王不欲以子臨父，故推而序之，上極於后稷而以配天。此聖人之德，亡以加於孝也。」漢書郊祀志載平帝元始五年，大司馬王莽奏言：「王者父事天，故爵稱天子。孔子曰：『人之行莫大於孝，孝莫大於嚴父，嚴父莫大於配天。』王者尊其考，欲以配天，緣考之意，欲尊祖，推而上之，遂及始祖。是以周公郊祀后稷以配天，宗祀文王於明堂以配上帝。」漢紀高祖皇帝紀荀悦曰：「孝莫大於嚴父，故后稷配天，尊之至也。禹不先鯀，湯不先契，文王不先不窋，古之道，子尊不加於父母。」是周公本應郊祀文王以配天，然知文王之心，不欲以子臨父，故因尊父而尊祖，推至其極，乃至於始祖，始祖因天感生，即后稷也。禮記祭法云：「周人禘嚳而郊稷，祖文王而宗武王。」其言祖文王而宗武王，與此經宗祀文王不同。鄭注祭法云：「祖、宗通言爾。」孔疏云：「以孝經云『宗祀文王於明堂』，此云『宗武王』，又此經云『祖文王』，是文王稱祖，故知『祖、宗通言爾』。」韋昭注國語魯語「周人禘嚳而郊稷，祖文王而宗武王」，則云：「周公初時亦祖后稷而宗文王，至武王雖承文王之業，有伐紂定天下之功，其廟不可毁，故先推后稷以配天，而後祖文王而宗武王也。」南齊書禮志何佟之議禮，承韋昭之説曰：「孝經是周公居攝時禮，祭法是成王反位後所行。故孝經以文王爲宗，祭法以文王爲祖。」注云「郊者，祭天之名」者，公羊傳僖三十一年：「天子祭天。」何休注云：「郊者，所以祭天也。天子所祭，莫重於郊。」董仲舒繁露郊義云：「天者，百神之君也，王者之所最尊也。以最尊天之故，故易始歲更紀，即以其初郊。郊必以正月上辛者，言以所最尊，首一歲之事。每更紀者以郊，郊祭首之，先貴之義，尊天之道也。」漢書郊祀志匡衡、張譚上書云：「帝王之事莫大乎承天之序，承天之序莫重於郊祀。」

注云「在國之南郊，故謂之郊」者，郊之義有二，一以方位言，郊特牲云：「郊之祭也，迎長日之至也，大報天而主日也。兆於南郊，就陽位也。掃地而祭，於其質也。器用陶匏，以象天地之性也。於郊，故謂之郊。」漢文帝十三年有司奏曰：「古者天子夏親郊，祀上帝於郊，故曰郊。」皆以其祭在郊，故稱郊祀。一以郊、交疊韻爲訓，訓爲交接之交，何休注公羊、范寧注穀梁僖三十一年「魯郊，非禮也」，皆云：「謂之郊者，天人相與交接之意也。」董子繁露郊祀云：「立爲天子者，天予是家。天予是家者，天使是家。天使是家者，是家天之所予也，天之所使也。天已予之，天已使之，其間不可以接天何哉？」皆以其祭有天人相交接之義，故曰郊祀。鄭注祭法云：「祭上帝於南郊，曰郊。」注此經云「在國之南郊，故謂之郊」，皆從郊特牲也。祭天之所以在南郊者，鄭注「兆於南郊，就陽位也」云：「日，太陽之精也。」漢書郊祀志匡衡、張譚上書亦云：「祭天於南郊，就陽之義也。」

注云「后稷者，是堯臣，周公之始祖」者，書堯典載帝堯殂落，舜云：「棄，黎民阻飢，汝后稷播時百穀。」是后稷早爲堯臣也。史記周本紀云：「帝堯聞之，舉弃爲農師，天下得其利，有功。帝舜曰：『弃，黎民始飢，爾后稷播時百穀。』封弃於邰，號曰后稷，別姓姬氏。」王充論衡初稟云：「棄事堯爲司馬，居稷官，故爲后稷。」毛詩魯頌閟宮鄭箋云：「后稷生而名棄，長大，堯登用之，使居稷官，民賴其功。後雖作司馬，天下猶以后稷稱焉。」毛詩長發疏引中候握河紀説堯云：「斯封稷、契、皋陶，賜姓號。」又引考河命説舜之事云：「褒賜群臣，賞爵有功，稷、契、皋陶益土地。」是堯封后稷，舜益其地爲大國也。故云后稷是堯臣也。后稷爲周公始祖者，若詩譜所云：「始祖后稷，由神氣而生，有播種之功於民。公劉至於大王、王季，歷及千載，越異代，而別世載其功業，爲天下所歸。文王受命，武王遂定天下。」

注云「自外至者，無主不止，故推始祖配天而食之」者，禮記大傳云：「禮，不王不禘。王者禘其祖之所自出，以其祖配之。」鄭注：「凡大祭曰禘。自，由也。大祭其先祖所由生，謂郊祀天也。王者之先祖，皆感大微五帝之精以生，蒼則靈威仰，赤則赤熛怒，黄則含樞紐，白則白招拒，黑則汁光紀，皆用正歲之正月郊祭之，蓋特尊焉。孝經曰『郊祀后稷以配天』，配靈威仰也。『宗祀文王於明堂，以配上帝』，汎配五帝也。」孔疏：「云『王者之先祖，皆感大微五帝之精以生』者，案師說引河圖云：『慶都感赤龍而生堯。』又云：『堯赤精，舜黄，禹白，湯黑，文王蒼。』又元命苞云：『夏，白帝之子。殷，黑帝之子。周，蒼帝之子。』是其王者皆感大微五帝之精而生。云『蒼則靈威仰』至『汁光紀』者，春秋緯文耀鉤文。云『皆用正歲之正月郊祭之』者，案易緯乾鑿度云：『三王之郊，一用夏正。』云『蓋特尊焉』者，就五帝之中，特祭所感生之帝，是特尊焉。注引孝經云『郊祀后稷以配天』者，證禘其祖之所自出，以其祖配之。又引『宗祀文王於明堂，以配上帝』者，證文王不特配感生之帝，而汎配五帝矣。」喪服小記：「王者禘其祖之所自出，以其祖配之。」鄭注：「禘，大祭也。始祖感天神靈而生，祭天則以祖配之。自外至者，無主不止。」孔疏云：「『王者禘其祖之所自出』者，禘，大祭也，謂夏正郊天。自，從也。王者夏正禘祭其先祖所從出之天，若周之先祖出自靈威仰也。『以其祖配之』者，以其先祖配祭所出之天。」鄭注以「天」爲五帝之義，據文耀鉤。毛詩君子偕老

「胡然而天也，胡然而帝也。」鄭箋：「帝，五帝也。」疏引春秋文耀勾曰：「倉帝，其名靈威仰。赤帝，其名赤熛怒。黄帝，其名含樞紐。白帝，其名白招拒。黑帝，其名汁光紀。」周官疏引春秋緯運斗樞云：「大微宫有五帝座星。」又引春秋緯文耀鉤云：「春起青受制，其名靈威仰。夏起赤受制，其名赤熛怒。秋起白受制，其名白招拒。冬起黑受制，其名汁光紀。季夏六月火受制，其名含樞紐。」又元命苞云：「大微爲天庭，五帝以合時。」鄭注以爲，周公郊祀，推后稷以配之「天」，即后稷之感生帝靈威仰也。故禮器云：「故魯人將有事於上帝，必先有事於頖宫。」鄭注：「上帝，周所郊祀之帝，謂蒼帝靈威仰也。魯以周公之故，得郊祀上帝，與周同。」孔疏云：「『上帝，周所郊祀之帝，謂蒼帝靈威仰也』者，孝經云『郊祀后稷以配天』，喪服小記云『王者禘其祖之所自出，以其祖配之』，周人出自靈威仰，則后稷配靈威仰也。云『魯以周公之故，得郊祀上帝，與周同』者，明堂位云：『祀帝於郊，配以后稷，天子之禮。』故知也。」王制「天子將出，類乎上帝。」鄭注云：「帝，謂五德之帝，所祭於南郊者。」孔疏曰：「云『所祭於南郊者』，按五德之帝，應祭四郊，此獨云祭於南郊者，謂王者將行，各祭所出之帝於南郊，猶周人祭靈威仰於南郊，是五帝之中一帝，故上總云『帝謂五德之帝』，此據特祭所出之帝，故云『祭於南郊』。」案：郊祀以始祖配感生帝，鄭君之説同於何休。公羊宣三年傳：「郊則曷爲必祭稷？王者必以其祖配。」何休注曰：「祖謂后稷，周之始祖，姜嫄履大人迹所生。配，配食也。孝經曰：『郊祀后稷以配天，宗祀文王於明堂以配上帝』。上帝，五帝，在太微之中，迭生子孫，更王天下。」是明天下者天下人之天下，非一家一姓所有，故天五帝，五帝更迭感生子孫，以王天下。所感生者，即始祖，商之始祖爲契，周之始祖爲后稷也。感生之説，有今古文之分。皮疏云：「詩疏引異義：『詩齊、魯、韓，春秋公羊説：聖人皆無父，感天而生。許君謹案：讖云堯五廟，知不感天而生。而説文曰：『姓，人所生也。古之神聖母感天而生子，故稱天子。』是許君亦用感生帝説矣。鄭言后稷感生之義，見於詩箋。生民『履帝武敏歆，攸介攸止』，箋云：『帝，上帝也。敏，拇也。祀郊禖之時，時則有大神之迹。姜嫄履之，足不能滿。履其拇指之處，心體歆歆然，其左右所止住，如有人道感己者也。』閟宫：『赫赫姜嫄，其德不回，上帝是依。』箋云：『依，依其身也。赫赫乎顯著，姜嫄也，其德貞正不回邪，天用是馮依而降精氣。』疏引河圖曰：『姜嫄履大人迹，生后稷。』中候稷起云：『蒼耀稷生感迹昌。』苗興云：『稷之迹乳。』史記周本紀云：『姜嫄出野，見巨人迹，心忻然悦，欲踐之，踐之而身動，如孕者。及朞而生棄。』是鄭義有本也。」皮疏是也。若依感生之説，則帝繫非爲一姓。故祭法疏述司馬遷史記與鄭君之異，云：「又春秋命曆序：『炎帝號曰大庭氏，傳八世，合五百二十歲。黄帝一曰帝軒轅，傳十世，一千五百二十歲。次曰帝宣，曰少昊，一曰金天氏，則窮桑氏傳八世，五百歲。次曰顓頊，則高陽氏傳二十世，三百五十歲。次是帝嚳，即高辛氏，傳十世，四百歲。』此鄭之所據也。其大戴禮『少典産軒轅，是爲黄帝；産玄囂，玄囂産喬極，喬極産高辛，是爲帝嚳；帝嚳産放勳，是爲帝堯。黄帝産昌意，昌意産高陽，是爲帝顓頊；顓頊産窮蟬，窮蟬産敬康，敬康産句芒，句芒産蟜牛，蟜牛産瞽叟，瞽叟産重華，是爲帝舜；及産象、敖。又顓頊産鯀，鯀産文命，是爲禹。』司馬遷爲史記依而用焉，皆鄭所不取。」此鄭君注三禮，取小戴棄大戴之一端也。蓋有感生，方有始祖，始祖者，儀禮喪服云：「爲人後者爲其父母，報。」傳曰：「都邑之士則知尊禰矣，大夫及學士則知尊祖矣。諸侯及其大祖，天子及其始祖之所自出。」鄭注：「大祖，始封之君。始祖者，感神靈而生，若稷、契也。自，由也。及始祖之所由出，謂祭天也。」諸侯有太祖，爲始封之君，天子之始祖，則非開國之君，而爲感天而生者也。案：郊祀之法，其爭之大者有二端。郊特牲疏云：「先儒說郊，其義有二。案聖證論以天體無二，郊即圓丘，圓丘即郊。鄭氏以爲天有六天，丘、郊各異。」六天之說，郊特牲疏申之云：「鄭氏謂天有六天，天爲至極之尊，其體祇應是一。而鄭氏以爲六者，指其尊極清虛之體，其實是一。論其五時生育之功，其別有五。以五配一，故爲六天。據其在上之體謂之天，天爲體稱，故說文云：『天，顛也。』因其生育之功謂之帝，帝爲德稱也，故毛詩傳云：『審諦如帝。』故周禮司服云：『王祀昊天上帝，則大裘而冕，祀五帝亦如之。』五帝若非天，何爲同服大裘？又小宗伯云：『兆五帝於四郊。』禮器云：『饗帝於郊，而風雨寒暑時。』帝若非天，焉能令風雨寒暑時？又春秋緯『紫微宮爲大帝』，又云『北極耀魄寶』，又云『大微宮有五帝坐星，青帝曰靈威仰，赤帝曰赤熛怒，白帝曰白招拒，黑帝曰汁光紀，黃帝曰含樞紐』。是五帝與天帝六也。又五帝亦稱上帝，故孝經曰『嚴父莫大於配天，則周公其人也』，下即云：『宗祀文王於明堂，以配上帝。』帝若非天，何得云『嚴父配天』也？而賈逵、馬融、王肅之等以五帝非天，唯用家語之文，謂大皞、炎帝、黃帝五人之帝屬，其義非也。又先儒以家語之文，王肅私定，非孔子正旨。」其說甚明。郊、丘之說，是鄭玄解經之法。兩漢今文家說唯有南郊祭天，無圓丘祭天。圓丘之祭，今文經書無其文，博士傳經無其説，漢世祭天無其禮。兩漢郊祀之法，一以孝經爲據。然自周官出，鄭君執以注群經，遂有郊與圜丘之爭。經有明文惟見周禮大司樂云：「冬日至，於地上之圜丘奏之。」是有冬祭圜丘之説。禮記祭法「有虞氏禘黄帝而郊嚳，祖顓頊而宗堯。夏后氏亦禘黄帝而郊鯀，祖顓頊而宗禹。殷人禘嚳而郊冥，祖契而宗湯。周人禘嚳而郊稷，祖文王而宗武王。」其「禘嚳」與「郊稷」，不得而解，故鄭君據周官「圜丘」之説解之云：「此禘，謂祭昊天於圜丘也。」大司樂注亦云：「大傳曰：『王者必禘其祖之所自出。』祭法曰：『周人禘嚳而郊稷。』謂此祭天圜丘，以嚳配之。」遂有冬至圜丘祭天，行禘禮，郊與圜丘，并分爲二。非分郊、丘爲二，祭法不得而解。郊特牲疏駁王肅云：「又王肅以郊丘是一，而鄭氏以爲二者，案大宗伯云：『蒼璧禮天。』典瑞又云：『四圭有邸以祀天。』是玉不同。宗伯又云：『牲幣各放其器之色。』則牲用蒼也。祭法又云：『燔柴於泰壇，用騂犢。』是牲不同也。又大司樂云：『凡樂，圜鍾爲宫，黄鍾爲角，大蔟爲徵，姑洗爲羽。』『冬日至於地上之圜丘奏之，若樂六變，則天神皆降。』上文云：『乃奏黄鍾，歌大呂，舞雲門，以祀天神。』是樂不同也。故鄭云以蒼璧、蒼犢、圜鍾之等爲祭圜丘所用，以四圭有邸、騂犢及奏黄鍾之等以爲祭五帝及郊天所用。」綜上所言，是鄭玄見周官、祭法祭天有二，遂據周官大司樂「圜丘」一語，分别郊天，使祭天有二禮，經文遂得而解也。而王肅等以天是一非六，故孝經之郊，即周官之圜丘。唐明皇孝經注據王義而注此經云：「后稷，周之始祖也。郊謂圜丘祀天也。周公攝政，因行郊天之祭，乃尊始祖以配之也。」邢疏申之云：「鄭玄以祭法有周人禘嚳之文，遂變郊爲祀感生之帝，謂東方青帝靈威仰，周爲木德。威仰木帝，言以后稷配蒼龍精也。韋昭所注亦符此説。唯魏太常王肅獨著論以駁之曰：『案爾雅曰：「祭天曰燔柴，祭地曰瘞薶。」又曰：「禘，大祭也。」謂五年一大祭之名。又祭法祖有功、宗有德，皆在宗廟，本非郊配。若依鄭説，以帝嚳配祭圜丘，是天之最尊也。周之尊帝嚳，不若后稷。今配青帝，乃非最尊，實乖嚴父之義也。且遍窺經籍，並無以帝嚳配天之文。若帝嚳配天，則經應云祀嚳於圜丘以配天，不應云郊祀后稷也。天一而已，故以所在祭在郊，則謂爲圜丘，言於郊爲壇，以象圜天。圜丘即郊也，郊即圜丘也。』其時中郎馬昭抗章，固執當時，敕博士張融質之。融稱『漢世英儒自董仲舒、劉向、馬融之倫，皆斥周人之祀昊天於郊，以后稷配，無如玄説配蒼帝也。然則周禮圜丘即孝經之郊。聖人因尊事天，因卑事地，安能復得祀帝嚳於圜丘，配后稷於蒼帝之禮乎？且在周頌「思文后稷，克配彼天」，又昊天有成命「郊祀天地也。」則郊非蒼帝，通儒同辭，肅説爲長。』」祭法疏并載王肅難鄭與馬昭、張融辨析之辭云：「肅又以郊與圜丘是一，郊即圜丘，故肅難鄭云：『案易「帝出乎震。震，東方」，生萬物之初，故王者制之。初以木德王天下，非謂木精之所生。五帝皆黄帝之子孫，各改號代變，而以五行爲次焉，何大微之精所生乎？又郊祭，鄭玄云祭感生之帝，唯祭一帝耳，郊特牲何得云「郊之祭大報天而主日」？又天唯一而已，何得有六？又家語云：季康子問五帝，孔子曰：「天有五行，木、火、金、水及土，分四時化育以成萬物。其神謂之五帝」。是五帝天之佐也，猶三公輔王，三公可得稱王輔，不得稱天王。五帝可得稱天佐，不得稱上天。而鄭玄以五帝爲靈威仰之屬，非也。玄以圜丘祭昊天，最爲首禮，周人立后稷廟，不立嚳廟，是周人尊嚳不若后稷及文、武，以嚳配至重之天，何輕重顛倒之失所？郊則圜丘，圜丘則郊，猶王城之內與京師，異名而同處。』又王肅、孔晁云：『虞、夏出黄帝，殷、周出帝嚳，祭法四代禘此二帝，上下相證之明文也。詩云「天命玄鳥」，「履帝武敏歆」，自是正義，非讖緯之妖説。』此皆王肅難，大略如此。而鄭必爲此釋者，馬昭申鄭云：『「王者禘其祖之所自出，以其祖配之」，案文自了，不待師説。則始祖之所自出，非五帝而誰？河圖云「姜嫄履大人之跡生后稷，大姒夢大人感而生文王」，又中候云「姬昌，蒼帝子」，經、緯所説明文。又孝經云「郊祀后稷以配天」，則周公配蒼帝靈威仰。漢氏及魏據此義，而各配其行。易云「帝出乎震」，自論八卦，養萬物於四時，不據感生所出也。』又張融評云：『若依大戴禮及史記，稷、契及堯俱帝嚳之子，堯有賢弟七十，不用，須舜舉之，此不然明矣。漢氏，堯之子孫，謂劉媼感赤龍而生高祖，薄姬亦感而生文帝，漢爲堯胤而用火德。大魏紹虞，同符土行。又孔子删書，求史記，得黄帝玄孫帝魁之書。若五帝當身相傳，何得有玄孫帝魁？融據經典三代之正，以爲五帝非黄帝子孫相續次也。一則稽之以湯、武革命，不改稷、契之行，二則驗之以大魏與漢，襲唐、虞火、土之法，三則符之堯、舜、湯、武，無同宗祖之言，四則驗以帝魁繼黄帝之世，是五帝非黄帝之子孫也。』此是馬昭、張融等申義也。但張融以禘爲五年大祭，又以圜丘即郊，引董仲舒、劉向、馬融之論，皆以爲周禮『圜丘』則孝經云南郊，與王肅同，非鄭義也。」王肅云董仲舒、劉向、馬融以爲郊丘同，孫星衍六天及感生帝辨駁云：「春秋繁露云『郊因于新歲之初』，又云『郊因先卜，不卜不敢郊』，是董仲舒不以郊爲冬至祭圜丘之明證。肅等誣之，且誣劉向、馬融者，蓋見漢人多議郊祀，不議圜丘，因疑諸儒即以郊爲圜丘，不知秦漢時固無冬至圜丘之祭。」孫説是也。鄭君之説，自成一家，王肅非之，妄也。然漢晉之間，今文之學既衰，感生之説不能行於世，故有王肅據鄭學以反鄭，變六天爲一天，合郊丘爲一祭也。振鷺疏引鄭駁異義云：「言所存二王之後者，命使郊天，以天子禮祭其始祖受命之王，自行其正朔服色，此之謂通天三統。」是二王之後得以天子禮郊天，正通三統之義也。左氏襄七年傳云：「夫郊祀后稷，以祈農事，故啟蟄而郊，郊而後耕。」是以郊祀后稷爲祈農之事。毛詩噫嘻序疏辨之云：「郊特牲云：『郊之祭也，大報天而主日。』書傳曰：『祀上帝於南郊，所以報天德。』然則郊以報天，而云祈穀者，以人非神之福不生，爲郊祀以報其已往，又祈其將來，故祈、報兩言也。天者，至尊之物，善惡莫不由之，故於此一祭，可以爲報天，可以爲祈穀。襄七年左傳曰：『夫郊祀后稷，以祈農事，故啟蟄而郊，郊而後耕。』是郊爲祈穀之事也。孝經云：『郊祀后稷以配天，宗祀文王於明堂以配上帝。』止言配天，不言祈穀者，鄭箴膏肓云：『孝經主説周公孝以必配天之義，本不爲郊祈之禮出，是以其言不備。』月令『孟春元日，祈穀於上帝』，是即郊天也。後乃『擇元辰，天子親載耒耜，躬耕帝籍』，是郊而後耕。二者之禮，獻子之言，合是郊天之與祈穀爲一祭也。案禮記大傳注云：『王者之先祖，皆感大微五帝之精以生。蒼則靈威仰，皆用正歲之正月郊祭之，蓋特尊焉。』孝經曰：『郊祀后稷以配天』，配靈威仰也。然則夏正郊天，祭所感一帝而已。月令注云：『雩祀五精之帝。』則雩祭總祀五帝矣。郊雩所祭，其神不同。此序並云『祈穀於上帝』者，以其所郊之帝亦五帝之一，同有五帝之名，故一名上帝，可以兼之也。」

注云「文王，周公之父」者，尚書大傳引周公云：「吾，文王之爲子也，武王之爲弟也」。文王爲周公之父，亦周之受命王也。

注云「明堂，即天子布政之宫」者，唐明皇注同，邢疏云：「案禮記明堂位，『昔者周公朝諸侯于明堂之位，天子負斧依南鄉而立。』『明堂也者，明諸侯之尊卑也。』『制禮作樂，頒度量而天下大服。』知明堂是布政之宫也。」

注云「上帝者，天之别名」者，皮疏云：「文選東京賦注引鉤命決曰：『宗祀文王於明堂，以配上帝五精之神。』通典引鉤命決曰：『郊祀后稷，以配天地。祭天南郊，就陽位。祭地北郊，就陰位。后稷爲天地主，文王爲五帝宗。』是孝經緯説以上帝爲五帝。鄭義本孝經緯鉤命決也。鄭君以北極大帝爲皇天，太微五帝爲上帝，合稱六天，故五帝亦可稱天。鄭不以五帝解『上帝』而必云『天之别名』者，欲上應『嚴父配天』之經文，其意實指五帝，與祭法注引此經以證祖宗之祭同意。天與上帝之異，猶周禮典瑞注云：『上帝，五帝，所郊亦猶五帝。殊言天者，尊異之也。』上帝兼舉五帝，故云『天之别名』。」

注云「神無二主，故異其處，避后稷也」者，皮疏云：「鄭以文王功德本應配天南郊，因周已有后稷配天，神不容有二主，又不可同一處。文王，周受命祖，祭之宗廟，以鬼享之，不足以昭嚴敬，故周公舉行宗祀明堂之禮，而宗文王以配上帝，於是嚴父配天之道得盡。異事異處，於尊后稷兩不相妨。鄭注明堂位『昔者周公朝諸侯於明堂之位』云：『不於宗廟，辟王也。』朝諸侯本應在宗廟，不於宗廟而於明堂者，所以避成王。文王本應配天南郊，不於南郊而於明堂者，所以避后稷，其義一也。鄭注周易『殷薦之上帝，以配祖考』曰：『上帝，天帝也。以配祖考者，使與天同饗其功也。故孝經云『郊祀后稷以配天，宗祀文王於明堂以配上帝』是也。』

注云「明堂之制，八窗四闥，上圓下方。在國之南，故乃稱之曰明堂」者，禮記明堂位疏引五經異義云：「今戴禮説，盛德記曰：『明堂者，自古有之。凡九室，室四戶八牖，共三十六戶，七十二牖，以茅蓋屋，上圓下方，所以朝諸侯。其外有水，名曰辟雍。』明堂月令説：『明堂高三丈，東西九仞，南北七筵，上圓下方，四堂十二室，室四戶八牖，其宮方三百步，在近郊三十里。』講學大夫淳于登説云：『明堂在國之陽，三里之外，七里之內，丙巳之地，就陽位，上圓下方，八窗四闥，布政之宮，故稱明堂。周公祀文王於明堂，以配上帝五精之神，太微之庭，中有五帝座星。』古周禮、孝經説：明堂，文王之廟。夏后氏曰世室，殷人曰重屋，周人曰明堂。東西九筵，南北七筵，堂崇一筵，五室，凡室二筵，蓋之以茅。周公所以祀文王於明堂，以昭事上帝。許君謹按：「今禮古禮，各以義説，無明文以知之。」鄭駁之云：「戴禮所云，雖出盛德篇，云九室三十六戶七十二牖，似秦相呂不韋作春秋時説者所益，非古制也。四堂十二室，字誤，本書云九堂十二室。淳于登之言，取義於孝經援神契説，『宗祀文王於明堂，以配上帝』，曰明堂者，上圓下方，八窗四闥，布政之宮，在國之陽。帝者，諦也，象上可承五精之神。五精之神，實在大微，在辰爲巳，是以登云然。今漢立明堂於丙巳，由此爲之。」鄭注取於援神契也。

注云「周公行孝於朝，越裳重譯來貢，故得萬國之歡心也」者，尚書大傳曰：「交阯之南有越裳國，周公居攝六年，制禮作樂，天下和平。越裳以三象重譯而獻白雉，曰：『道路悠遠，山川阻深，音使不通，故重譯而朝。』成王以歸周公，公曰：『德不加焉，則君子不饗其質；政不施焉，則君子不臣其人。吾何以獲此賜也？』其使請曰：『吾受命吾國之黄耇曰：久矣，天之無別風淮雨，意者中國有聖人乎？有，則盍往朝之？』周公乃歸之於王，稱先王之神致，以薦於宗廟。」即其事也。越裳，漢書賈捐之傳「越裳氏重九譯而獻」，晉灼曰：「遠國使來，因九譯言語乃通也。」張晏曰：「越不著衣裳，慕中國化，遣譯來著衣裳也，故曰越裳也。」師古曰：「張説非也。越裳自是國名，非以襲衣裳始爲稱號。王充論衡作越嘗，此則不作衣裳之字明矣。」顔師古之説是也。注云「孝弟之至，通於神明，豈聖人所能加也」者，感應章云：「孝悌之至，通於神明，光於四海，無所不通。」鄭注曰：「孝至於天，則風雨時節，孝至於地，則萬物熟成，孝至於人，則重譯來貢，是以無所不通也。」

故親生之膝下，以養其父母日嚴。子親生之父母膝下，是以養則致其樂。**聖人因嚴以教敬，因親以教愛。**因人尊嚴其父，教之爲敬。因親近於其母，教之爲愛，順人情也。據治要。寫本作「因人尊嚴其父，教之以爲敬。親近於母，教之所順人情之事。」釋文存「親近於母」。**聖人之教不肅而成，**聖人因人情而教之，之，治要作「民」。民民，寫本避唐諱作「人」，據治要改。皆樂之，故不肅而成。治要句末多「也」字。**其政不嚴而治，**其身正，正，寫本作「政」，據論語原文爲「正」。不令而行，故不嚴而治。治要句末多「也」字。其所因者本也。本是孝也。是，治要作「謂」。孝道流行，故乃不嚴而治。

【疏】「故親」至「本也」 經文與三才章同云聖人「教不肅而成，其政不嚴而治」，此皆「順天下」之道也。政教之極致，乃在於不肅不嚴而成治，然達於此者，三才章所言，是因天地教民，此章所言，是因人情教民。

注云「子親生之父母膝下，是以養則致其樂」者，敦煌本義疏引二説，一云：「親者，愛也。膝下，是父母膝下也。」一云：「親謂父母也，父母生於膝下，故云親生之膝下。」鄭云「子親生之父母膝下」，是言子之親愛，生於父母膝下，膝下謂孩提之時也。云「是以養則致其樂」，引紀孝行章「養則致其樂」以注此經也，鄭注彼云：「樂竭歡心，以事其親。」樂竭歡心，即是養父母日嚴也。「嚴」之義，鄭注樂記「凡學之道，嚴師爲難」云：「嚴，尊敬也。」敦煌本義疏解鄭注云：「養者，謂怡顔悦色，以奉温清也。日者，日日也。嚴者，尊敬之極也。彼言父母冥愛，故爲愛之情，生起於父母膝下也。及至子稍成長有識，故能知緣愛而生養，日日加益尊敬之極，故曰嚴。」案：鄭注以親爲親愛，非謂父母，該以下經言「因嚴以教敬，因親以教愛」，故此「親」、「嚴」乃愛、敬之本也。顧炎武日知録云：「『故親生之膝下，以養父母日嚴。』孩提之童，知愛而已。稍長，然後知敬。知敬，然後能嚴。」顧説頗得鄭意。

注云「因人尊嚴其父，教之爲敬。因親近於其母，教之爲愛，順人情也」者，此言教化之本也。尊嚴、親近既自然起於父母膝下，聖人之教，因人所固有而導之，故順尊嚴其父之情，而導之以知爲敬，順親近其母之情，而導之以知爲愛。親、嚴自然所生，本施於父母，愛、敬聖人所導，可通達天下，聖人之教本其自然所生，而通達於天下也。

注云「聖人因人情而教之，民皆樂之，故不肅而成」者，聖人之教，因親近、尊嚴而教以愛、敬，是因人情而教也。經云「不肅而成」，故注云「民皆樂之」也。三才章「是以其教不肅而成」，鄭注云：「用天時，順地利，則天下民皆樂之，是以其教不肅而成。」三才章是因天地教化，此章是因人情教化，皆順人心，使下民皆樂而從諸善，日遷於善而不知也。

注云「其身正，不令而行，故不嚴而治」者，論語子路文，何晏注云：「令，教令也。」論語子路云：「苟正其身矣，於從政乎何有？不能正其身，如正人何？」顏淵又云：「政者正也，子帥以正，孰敢不正？」又云：「子欲善，而民善矣。君子之德風也，小人之德草也，草上之風，必偃。」禮記哀公問云：「政者正也，君爲正，則百姓從政矣。君之所爲，百姓之所從也。君所不爲，百姓何從？」大戴禮哀公問同。三才章「其政不嚴而治」，鄭注云：「政不煩苛，故不嚴而治。」與此不同，鄭注解釋經義，非考證文字，三才章因天有四時，地有分理，政教隨天地之宜，故祭祀則春薦韭卵，夏薦麥魚，政事則林麓川澤時入不禁，歲之用民不過三日。故不嚴而治在政不煩苛。而此經因人有親嚴，教以愛敬，政教因人情而導之，故使爲政者其身先正，導民以正也。

注云「本是孝也，孝道流行，故乃不嚴而治」者，開宗明義章云：「夫孝，德之本。」論語學而有子云：「孝弟也者，其爲仁之本與。」故云孝爲本也。禮記祭義云：「子曰：『立愛自親始，教民睦也。立教自長始，教民順也。教以慈睦，而民貴有親。教以敬長，而民貴用命。孝以事親，順以聽命，錯諸天下，無所不行。』」孟子盡心上云：「人之所不學而能者，其良能也。所不慮而知者，其良知也。孩提之童，無不知愛其親者，及其長也，無不知敬其兄也。親親，仁也。敬長，義也。無他，達之天下也。」離婁上云：「仁之實，事親是也，義之實，從兄是也。智之實，知斯二者弗去是也。禮之實，節文斯二者是也。樂之實，樂斯二者。」故以孝爲本，因而教化，乃能不嚴而治也。

父子之道天性，刊本「性」后有「也」字，鄭玄孝經注寫本無「也」字。白文寫本或有「也」，或無「也」，今從孝經注寫本。性，常也。父子相生，天之常道。**君臣之義。**刊本「義」后有「也」字，鄭玄孝經注寫本無「也」字。白文寫本多無「也」，今從之。君臣非骨肉之親，治要作「君臣非有天性」。但義合耳。三諫不從，待放而去。**父母生之，續莫大焉。**父母生之，骨肉相連屬，復何加焉。**君親臨之，厚莫重焉。**君親擇賢，顯之以爵，寵之以禄，即厚之至。即厚之至，治要作「厚之至也」。

【疏】「父子」至「重焉」　經既云「父子之道天性，君臣之義」，下接「父母生之」、「君親臨之」，分別父母與君，故依文勢，「父子之道天性，君臣之義」之父子與君臣，亦分別爲二，方能承接下文。父子君臣，分屬家國，實五倫之大端，孝經之要旨。孝經之所以爲天下之大本者在乎是，所以總會六藝之道者亦在乎是。然人倫之道，父子、君臣並立，非從父子以推君臣也。以服制言之，君、父並爲至尊，儀禮喪服子爲父服斬衰，傳云：「爲父何以斬衰也？父至尊也。」臣爲君亦服斬衰，傳云：「君至尊也。」父、君並爲至尊，故皆服斬衰。以禮義言之，親親、尊尊分立，禮記大傳云「服術有六」，其首「一曰親親，二曰尊尊」。鄭注云：「親親，父母爲首。尊尊，君爲首」。以聖人立法之意言之，父子爲恩，君臣爲義，禮記喪服四制云：「其恩厚者其服重，故爲父斬衰三年，以恩制者也。門内之治恩揜義，門外之治義斷恩。資於事父以事君，而敬同，貴貴尊尊，義之大者也。故爲君亦斬衰三年，以義制者也。」檀弓：「事親有隱而無犯，左右就養無方，服勤至死，致喪三年。事君有犯而無隱，左右就養有方，服勤至死，方喪三年。」分事親、事君之别，鄭注「事親」，云「凡此以恩爲制」，注「事君」，云「凡此以義爲制」。禮記文王世子「然而众知父子之道矣」，「然而众著於君臣之义也」，孔疏：「父子天性自然，故云『道』。君臣以义相合，故云『义』。」案：「父子之道天性，君臣之義」一句，探下文以爲解，則必分父子、君臣爲二，據親、尊之别，恩、義之異，亦必分父子、君臣爲二也，鄭注得之。又，漢人舊義，本有成説，史記宋微子世家微子曰：「父子有骨肉，而臣主以義屬。故父有過，子三諫不聽，則隨而號之。人臣三諫不聽，則其義可以去矣。」漢書枚乘傳：「故父子之道，天性也。忠臣不避重誅以直諫，則事無遺策，功流萬世。」漢人言此經者，義皆與鄭同。晉書庾純傳庾純云：「臣聞父子天性，愛由自然。君臣之交，出自義合。」此則取於鄭義者也。

注云「性，常也。父子相生，天之常道。」皮疏云：「白虎通性情篇曰：『五性者何？謂仁、義、禮、智、信也。』是五性即五常，故性可云常也。」子者繫於父之名，父授之，子受之，故云父子相生，天之常道也。事親事君之差，猶見於諫諍之時，父子天性，故無去父之理。白虎通諫諍云：「子諫父，父不從，不得去者，父子一體而分，無相離之法。」論語曰：「事父母幾諫。見志不從，又敬不違，勞而不怨。」曲禮云：「子之事親也，三諫而不聽，則號泣而隨之。」鄭注：「至親無去，志在感動之。」檀弓云：「事親有隱而無犯」，鄭注：「隱，謂不稱揚其過失也。無犯，不犯顏而諫。」內則：「父母有過，下氣怡色，柔聲以諫。諫若不入，起敬起孝，説則復諫。不説，與其得罪於鄉黨州閭，寧孰諫。父母怒，不説，而撻之流血，不敢疾怨，起敬起孝。」此皆明父子以恩，無絶道也。注云「君臣非骨肉之親，但義合耳」者，論語顏淵子貢問友，子曰：「忠告而善道之，不可則止，毋自辱焉。」鄭注云：「朋友，義合之輕者。凡義合者有絶道。忠言以告之，不從則止也。」朋友，義合之輕者，君臣，義合之重者也。故諫友之道，不可則止，諫君之道，三諫待放。鄭君以「君臣非骨肉之親，但義合耳」解「君臣之義」，特分父子、君臣爲二，其見甚卓。皮疏云：「莊子人間世引仲尼曰：『天下有大戒二，其一，命也；其一，義也。子之愛親，命也，不可解於心。臣之事君，義也，無適而非君也，無所逃於天地之間，是之謂大戒。』鄭分父子、君臣爲二，實本此義，且與下文『父母生之，君親臨之』正合。」皮疏據治要片語知鄭分父子、君臣爲二，是也，然言鄭義本諸莊子則非，鄭實本於禮經。自王肅與鄭立異，解爲「父子相對，又有君臣之義」，劉炫所見古文孝經孔傳以爲「親愛相加，則爲父子之恩，尊嚴之，則有君臣之義焉」，使父子、君臣合而爲一，唐玄宗沿襲其意，注云：「父子之道，天性之常，加以尊嚴，又有君臣之義。」邢疏云：「父子相親本於天性，慈孝生於自然，既能尊嚴於親，又有君臣之義。故易家人卦曰：『家人有嚴君焉，父母之謂也。』是謂父母爲嚴君也。」若如其説以君臣之義喻父子之道，則下「君親臨之」無可著落，唐玄宗注遂不得不解爲「謂父爲君，以臨於已」，説殊不通。唐注流行，遂使此經義晦而不明。幸治要東歸，敦煌遺書出土，鄭義大明，可以發千載之覆。案：鄭此注以父子重於君臣。父子、君臣之倫，人倫之大者，故白虎通云：「三綱者，何謂也？謂君臣、父子、夫婦也。」父子主親親，君臣主尊尊，親親、尊尊之義，禮法之大者，故禮記大傳云：「其不可得變革者，則有矣。親親也，尊尊也，長長也，男女有别，此其不可得與民變革者也。」父子、君臣之輕重，定親親、尊尊之先後，繫人倫政教之大端。而經傳異説，辨在喪制。許慎五經異義云：「大鴻臚眭生説：諸侯踰年即位，乃奔天子喪。春秋之義，未踰年君死，不成以人君禮。言王者未加其禮，故諸侯亦不得供其禮於王者，相報也。」許慎云：「禮不得以私廢公、卑廢尊。如禮得奔喪，今以私喪廢奔天子之喪，非也。又人臣之義，不得校計天子未加禮於我，亦執之不加禮也。眭生之説非也。」鄭君駁許氏云：「孝經『資于事父以事君』，言能爲人子，乃能爲人臣也。服問『嗣子不爲天子服』，此則嫌欲速，不一于父也。喪服四制曰：『門内之治恩掩義，門外之治義斷恩。』此言在父則爲父，在君則爲君也。春秋莊三十二年子般卒，時父未葬也。子者，繫于父之稱也。言卒不言薨，未成君也。未成君猶繫於父，則當從門内之治恩掩義。禮者在於所處，此何以私廢公，何以卑廢尊？」許慎之説同公羊、白虎通，公羊隱三年：「天子記崩不記葬，必其時也。諸侯記卒記葬，有天子存，不得必其時也。」何休注：「設有王、后崩，當越紼而奔喪，不得必其時，故恩録之。」王制疏引異義云：「公羊說：天王喪，赴者至，諸侯哭。雖有父母之喪，越紼而行事，葬畢乃還。」白虎通喪服：「諸侯有親喪，聞天子崩，奔喪者何？屈己親親，猶尊尊之義也。春秋傳曰：『天子記崩不記葬者，必其時葬也。諸侯記葬，不必有時。』諸侯爲有天子喪奔，不得必以其時葬也。」眭生之說同穀梁、劉向、鄭玄，穀梁定元年傳云：「周人有喪，魯人有喪。周人吊，魯人不吊。周人曰：『固吾臣也，使人可也。』魯人曰：『吾君也，親之者也，使大夫則不可也。』故周人吊，魯人不吊。」通典引劉向五經通義云：「凡奔喪，近者先聞先還，遠者後聞後還。諸侯未葬，嗣子聞天子崩，不奔喪。王者制禮，緣人心而爲之斷文，孝子之恩，不忍去棺柩，故不使奔也。」劉向治穀梁，故其義同穀梁。鄭君之意，以父子、君臣並立，親親、尊尊並重，孝爲德本，能爲人子乃能爲人臣，故在父則爲父，在君則爲君，不可執尊尊以廢親親也。鄭君據門内之恩、門外之義斷禮義，定「在父則爲父，在君則爲君」之説，若大夫在外，亦不能執親親以害尊尊。公羊宣八年傳：「大夫以君命出，聞喪，徐行而不反。」何休注云：「聞喪者，聞父母之喪。徐行者，不忍疾行，又爲君當使人追代之。」董子繁露精華云：「聞喪，徐行而不反也。」「徐行不反者，謂不以親害尊，不以私妨公也。」白虎通喪服：「大夫使受命而出，聞父母之喪，非君命不反者，蓋重君也。故春秋傳曰：『大夫以君命出，聞喪，徐行不反。』」鄭君注禮，從於此義。儀禮聘禮「若有私喪，則哭於館，衰而居，不饗食。」鄭注云：「私喪，謂其父母也。哭於館，衰而居，不敢以私喪自聞于主國，凶服干君之吉使。春秋傳曰：『大夫以君命出，聞喪，徐行而不反。』」鄭注引公羊之文證儀禮，從公羊義也。禮記奔喪：「若未得行，則成服而後行。」鄭注：「謂以君命有爲者也。成喪服，得行則行。」奔喪又云「聞喪不得奔喪，哭盡哀。問故，又哭盡哀。乃爲位。」鄭云：「聞父母喪而不得奔，謂以君命有事，不然者，不得爲位。」

注云「三諫不從，待放而去」者，鄭注加此語，明父子與君臣不同，父子天性，雖有諫諍之道，然子無去父之理，君臣義合，故可以三諫不從，待放而去。君臣以義合，故以不義離。父子以親合，故雖不義而不可離。又明君臣義合之意，義合之與天性，其別最大者爲有絶道也。漢書枚乘傳云：「故父子之道，天性也。忠臣不避重誅以直諫，則事無遺策，功流萬世。」正與鄭義同。三諫待放，見於經傳記注者多。公羊莊二十四年傳，曹羈諫曹伯，「三諫不從，遂去之，故君子以爲得君臣之義也。」何休注云：「孔子曰：『所謂大臣者，以道事君，不可則止。』此之謂也。諫必三者，取月生三日而成魄，臣道就也。不從得去者，仕为行道，道不行，義不可以素餐，所以申賢者之志，孤惡君也。」白虎通諫諍云：「諸侯之臣諍不從得去何？以屈尊申卑，孤惡君也。去曰『某質性頑鈍，言愚不任用，請退避賢。』如是君待之以禮，臣待放。如不以禮待，遂去。君待之以禮奈何？曰：『予熟思夫子言，未得其道，今子不且留。聖王之制，無塞賢之路，夫子欲何之？』則遣大夫送至於郊。必三諫者何？以爲得君臣之義。」鄭箋羔裘序「大夫以道去其君也」云：「以道去其君者，三諫不從，待放於郊，得玦乃去。」曲禮：「爲人臣之禮，不顯諫。三諫而不聽，則逃之。」鄭注：「君臣有義則合，無義則離。」孟子萬章下齊宣王問異姓之卿，孟子曰：「君有過則諫，反覆之而不聽，則去。」趙岐注：「孟子言異姓之卿諫，君不從，三而待放。遂不聽之，則去而之他國也。」蓋君臣義合，異於父子，無義則離。論語所謂「事君能致其身」，孝經所稱「以孝事君則忠」，止於三諫。待放之禮，春秋宣元年經：「晉放其大夫胥甲父于衛。」公羊云：「放之者何？猶曰無去是云爾。古者大夫已去，三年待放。」何注云：「古者刑不上大夫，蓋以爲摘巢毀卵，則鳳凰不翔；刳胎焚夭，則麒麟不至。刑之則恐誤刑賢者，死者不可復生，刑者不可復屬，故有罪放之而已，所以尊賢者之類也。三年者，古者疑獄三年而後斷。易曰『系用徽墨，寘於叢棘，三歲不得，凶』是也。自嫌有罪當誅，故三年不敢去。」白虎通諫諍云：「必待放於郊者，忠厚之至也。冀君覺悟能用之。所以必三年者，古者臣下有大喪，君三年不呼其門，所以復君恩。今己所言，不合於禮義，君欲罪之可得也。援神契曰：『三諫，待放復三年，盡惓惓也。所以言放者，臣爲君諱，若言有罪放之也。所諫事已行者，遂去不留。凡待放者，冀君用其言耳。事已行，災咎將至，無爲留之。』」待放三年，君臣之義未絶也。據喪服，大夫三諫待放於郊，爲舊君服齊衰三月。喪服傳云：「大夫爲舊君，何以服齊衰三月也？大夫去，君埽其宗廟，故服齊衰三月也，言與民同也，何大夫之謂乎？言其以道去君而猶未絶也。」鄭注云：「以道去君，爲三諫不從，待放於郊。未絶者，言爵禄尚有列於朝，出入有詔於國，妻子自若民也。」白虎通云：「臣待放於郊，君不絶其禄者，示不合耳。以其禄參分之二與之，一留與其妻長子，使得祭其宗廟。」其進退之道，荀子大略：「絶人以玦，反絶以環。」楊倞注：「古者臣有罪待放於境，三年不敢去，與之環則還，與之玦則絶，皆所以見意也。」白虎通諫諍云：「賜之環則反，賜之玦則去。明君子重恥也。」大戴禮王度記云：「大夫俟放於郊，三年，得環乃還，得玦乃去。」及大夫去國之禮，曲禮下云：「大夫士去國踰竟，爲壇位鄉國而哭。素衣、素裳、素冠，徹緣、鞮屨、素冪，乘髦馬，不蚤鬋，不祭食，不説人以無罪，婦人不當御，三月而復服。」孔疏云：「臣之無君，猶人無天也。嫌去父母之邦，有桑梓之變，故爲壇鄉國而哭，以喪禮自變處也。所以待放必三年者，三年一閏，天道一變，因天道變，望君自改也。然在竟未去。聽君環玦，不謂待歸，而謂待放者，既已在竟，不敢必放，言唯待君見放乃去也。」

注云「父母生之，骨肉相連屬，復何加焉」者，此經自漢多有歧説，漢書藝文志云：「『父母生之，續莫大焉』，『故親生之膝下』，諸家説不安處，古文字讀皆異。」臣瓚注曰：「孝經云『續莫大焉』，而諸家之説各不安處之也。」據劉炫所見古文孝經孔傳，此經「續」作「績」，解爲「功」。鄭注據今文，解「續」爲「屬」，其説於經有據。詩小弁：「不屬于毛，不罹于裏。」傳云：「毛在外陽以言父，裏在内陰以言母。」疏云：「屬者，父子天性相連屬。離者，謂所離歷，言稟父之氣，歷母而生也。」喪服「出妻之子爲母」服齊衰期，傳曰：「絶族無施服，親者屬。」鄭注云：「親者屬，母子至親，無絶道。」賈疏云：「屬猶續也，孝經云『父母生之，續莫大焉』，故謂母子爲屬，對父與母義合有絶道，故云母子至親無絶道。」

注云「君親擇賢，顯之以爵，寵之以禄，即厚之至」者，承上父子天性，君臣義合，則此君接「君臣之義」。表記云：「稱人之美，則爵之。」王制論選舉之法云：「司馬辨論官材，論進士之賢者，以告於王，而定其論。論定，然後官之。任官，然後爵之。位定，然後禄之。」「任官，然後爵之」，即「顯之以爵」也。「位定，然後禄之」，即「寵之以禄」也。論語子罕「出則事公卿，入則事父兄」，皇疏云：「父兄天性，續莫大焉。公卿義合，厚莫重焉。」正用此經以解論語也。

故不愛其親，而愛他人親諸寫本皆有「親」字，鄭注云「而愛他人之親」，則亦有「親」字甚明，劉知幾史通序傳云：「致敬他親，人斯悖德。」足證唐人引此經，有「親」字。劉炫據古文孝經孔傳作述議云：「若人君不自愛其己之親，而愛他人者，謂之爲悖亂之德也。不自敬己之親而敬他人者，謂之爲悖亂之禮也。」則古文孝經無「親」字。唐明皇孝經御注據古文孝經，刪此及下「敬他人親」二「親」字。**者，謂之悖德。**不能愛其親而愛他人親者，治要作「人不愛其親而愛他人之親者」。謂之悖德。**不敬其親，而敬他人親**諸寫本皆有「親」字，唐明皇孝經御注據古文孝經刪。**者，謂之悖禮。**不能敬其親而敬他人親者，謂之悖禮。治要「人」下有「之」字，句末多「也」字。

【疏】「故不」至「悖禮」　此言「故」者，上既云「故親生之膝下，以養其父母日嚴」，下接聖人因嚴以教敬，因親以教愛，父子天性君臣義合，故此復承「親生之膝下」句，以言愛、敬不自親始，乃有悖德、悖禮之行。

注云「不能愛其親而愛他人親者，謂之悖德。不能敬其親而敬他人親者，謂之悖禮」者，親謂父母。悖者，鄭注月令「毋悖于時」、大學「是故言悖而出者，亦悖而入」，皆云：「悖，猶逆也。」開宗明義章云「夫孝，德之本」，論語學而云：「孝弟也者，其爲仁之本與」，故不愛其親而愛他人親者，逆於德也。廣要道章云「禮者，敬而已矣」，曲禮云「毋不敬」，禮主於敬，故不敬其親而敬他人親者，逆於禮也。敦煌義疏云：「他人，謂君也。」蓋以此經承上「父母生之」、「君親臨之」而言，非也。論語微子周公謂魯公曰：「君子不施其親」，何晏引孔安國曰：「施，易也。不以他人之親易己之親。」

正據此經注論語也。然劉炫所見古文尚書孔傳解「他人親」爲「他人」，與論語孔傳不協。

以順則逆，以悖爲順，則逆亂之道。（治要句末多「也」字。）**民無則焉，**則，法也。民無法則，即逆亂之道。**不在於善，而皆在於凶德。**惡人不能化善，乃皆爲惡，（治要作「惡人不能以禮爲善，乃化爲惡。」）若桀、紂是。（治要無「得之」、「也」。）**雖得之，君子所不貴。**（明皇御注本作「君子不貴也」。白文寫本、鄭注本多作「君子所不貴」，今從之。）不以其道得之，故君子不貴也。（治要句末多「也」字。）

【疏】「以順」至「不貴」　左氏文十八年季文子言曰：「以訓則昏，民無則焉。不度於善，而皆在於凶德。」此本之孝經也。君子者，白虎通號云：「或稱君子何？道德之稱也。君之爲言群也。子者，丈夫之通稱也。」又云：「何以知其通稱也？以天子至於民。故詩云：『凱弟君子，民之父母。』論語云：『君子哉若人。』此謂弟子，弟子者，民也。」所引詩之君子爲天子，論語之君子爲民。君子之名，不論貴賤，而重有德也。然此經之君子，對民而言，故乃德位之稱。故「雖得之」，謂得其位，得天子、諸侯、卿大夫、士之位也。

注云「以悖爲順，則逆亂之道」者，愛敬己親而後愛敬他人之親，是爲順也。逆者，悖也，故禮記樂記云「於是有悖逆詐僞之心」，祭義云「致義，則上下不悖逆矣」，皆悖逆連用。行悖德、悖禮，則是逆亂之道也。

注云「則，法也。民無法則，即逆亂之道」者，在位之君子既爲逆亂之道，下民無可法則，故亦行逆亂之道也。

注云「惡人不能化善，乃皆爲惡，若桀、紂是」者，皮疏云：「經上文云『悖德』、『悖禮』，此言『凶德』不言『禮』，故云不能以禮爲善，以補明經義。必舉桀、紂者，鄭注曲禮『敖不可長』四句，亦云『桀、紂所以自禍』。以桀、紂不善，人所共知，舉之使人易曉也。」

注云「不以其道得之，故君子不貴也」者，論語里仁文。下經君子「以臨其民」，故此君子之得，得其位也。

君子則不然，君子則不爲逆亂之道也。（治要無「則」、「也」。）**言思可道，**言中詩、書，故可道也。（治要作「故可傳道也」。據敦煌新出義疏「可者，堪可之稱」，言堪可稱道，合於經、注。又下「行思可樂」注云「故可樂也」，據此法式，知治要多一「傳」字也。）**行思可樂，**動中規矩，故可樂也。**德義可尊，**可尊敬也。（治要作「可尊法也」。）**作事可法，**可法則也。**容止可觀，**威儀中禮，故可觀也。（治要句末無「也」字。）**進退可度，**雖進而盡忠，亦退而補過。（治要作「雖進而盡忠，易退而補過。」審其文意，治要誤也。）**以臨其民。**

【疏】「君子」至「其民」 君子以下，言其合於禮義也。董子春秋繁露爲人者天云：「衣服容貌者，所以說目也；聲音應對者，所以說耳也；好惡去就者，所以說心也。故君子衣服中而容貌恭，則目說矣；言理應對遜，則耳說矣；好仁厚而惡淺薄，就善人而遠僻鄙，則心說矣。故曰：『行思可樂，容止可觀。』此之謂也。」漢書匡衡傳匡衡上書云：「臣又聞聖王之自爲動靜周旋，奉天承親，臨朝享臣，物有節文，以章人倫。蓋欽翼祇栗，事天之容也；温恭敬遜，承親之禮也；正躬嚴恪，臨衆之儀也；嘉惠和説，饗下之顔也。舉錯動作，物遵其儀，故形爲仁義，動爲法則。孔子曰：『德義可尊，容止可觀，進退可度，以臨其民，是以其民畏而愛之，則而象之。』」

注云「君子則不爲逆亂之道也」者，承上「以順則逆」注「以悖爲順，則逆亂之道。」

注云「言中詩、書，故可道也。動中規矩，故可樂也」者，皮疏云：「玉藻曰：『周還中規，折還中矩。』鄭注：『反行也，宜圜。曲行也，宜方。』是動中規矩也。」此經之規矩，即在禮、樂之中也。案：鄭君注此經之「言」，用詩、書爲説，「行」用禮、樂爲説，如注卿大夫章，以「先王之法言」爲詩、書，「先王之德行」爲禮、樂，此以王制造士之法注孝經也。王制云：「樂正崇四術，立四教，順先王詩、書、禮、樂以造士。春秋教以禮、樂，冬夏教以詩、書。王大子、王子、群后之大子，卿大夫、元士之適子，國之俊選，皆造焉。」以君子自幼皆入學，習先王之詩、書、禮、樂，則其法言德行，皆得之於此也。

注云「威儀中禮，故可觀也」者，唐明皇注云：「容止，威儀也，必合規矩，則可觀也。」亦以容止爲威儀也。邢疏云：「容止，謂禮容所止也，漢書儒林傳云『魯徐生善爲容，以容爲禮，官大夫』是也。威儀，即儀禮也，中庸云『威儀三千』是也。春秋左氏傳曰：『有威而可畏謂之威，有儀而可象謂之儀。』言君子有此容止威儀，能合規矩。」禮記雜記下孔子答子貢問喪，云「顔色稱其情，戚容稱其服。」鄭注云：「容，威儀也。孝經曰：『容止可觀。』」解容止爲威儀，與此注同。禮記祭義、樂記皆云：「致禮以治躬則莊敬，莊敬則嚴威。」論語爲政孔子云：「臨之以莊，則敬。」是也。

注云「雖進而盡忠，亦退而補過」者，用事君章文，鄭注「進思盡忠」云：「死君之難爲盡忠。」注「退思補過」云：「待放三年，服思其過」。是以進爲出仕，退爲離官也。

是以其民畏而愛之，畏其刑罰，愛其德義。**則而象之。**效其漸也。**故能成其德教，**上不（不，寫本訛爲「下」字，今改。）教而罰謂之虐，不教而煞謂之暴，（釋文作「不令而伐謂之暴」。）是以德成而教尊也。**而行其政令。**節用愛人，使民（民，寫本避唐諱作「人」，今據論語改。）以時，是以政令而行也。

【疏】注云「畏其刑罰，愛其德義」者，皮疏云：「三才章曰：『陳之以德義，而民興行，示之以好惡，而民知禁。』鄭注：『善者賞之，惡者罰之。民知禁，莫敢爲非也。』是賞罰與德義並重。聖人教民，未嘗不用刑罰，故下有五刑章，所以使民畏也。」

注云「效其漸也」者，鄭注三才章「則天之明」云：「則，視也。」與此同。君子行此六德，民畏其刑罰，愛其德義，故日遷於善，故云漸也。

注云「上不教而罰謂之虐，不教而煞謂之暴，是以德成而教尊也」者，論語堯曰孔子答子張問四惡，云：「不教而殺謂之虐，不戒視成謂之暴。」韓詩外傳引孔子曰：「不戒責成，害也，慢令致期，暴也，不教而誅，賊也。」又引子貢云：「託法而治謂之暴，不戒致期謂之虐，不教而誅謂之賊，以身勝人謂之責。責者失身，賊者失臣，虐者失政，暴者失民。」注云「節用愛人，使民以時，是以政令而行也」者，論語學而子曰：「道千乘之國，敬事而信，節用而愛人，使民以時。」

詩云：『淑人君子，其儀不忒。』淑，善。治要「善」下多「也」字。忒，差也。善人君子，則威儀不差失，治要無「則」、「失」二字。故可法也。治要作「可法則也」。

【疏】注云「淑，善。忒，差也。善人君子，則威儀不差失，故可法也」者，詩經曹風鳲鳩云：「淑人君子，其儀不忒。其儀不忒，正是四國」，毛傳云：「忒，疑也。」鄭箋云：「執義不疑，則可爲四國之長。言任爲侯伯。」是從毛傳，解「忒」爲「疑」也。禮記緇衣、經解、大學皆引「其儀不忒」，鄭並無注，疏皆解「忒」爲「差」，與此注同。緇衣引詩云「淑人君子，其儀不忒」，疏云：「言善人君子，其儀不有差忒。」經解引詩云：「淑人君子，其儀不忒。其儀不忒，正是四國。」疏云：「言善人君子用心均平，其威儀不有差忒，以其不差，故能正此四方之國。」大學引詩云：「其儀不忒，正是四國。」疏云：「言在位之君子，威儀不有差忒，可以正長是四方之國，言可法則也。」鄭注經箋詩，偶有不同，其例屢見。此詩本言侯伯，而引以證君子威儀可法，斷章取義也。

紀孝行章第十

【疏】邢疏云：「此章紀録孝子事親之行也。前章孝治天下，所施政教，不待嚴肅，自然成理，故君子皆由事親之心，所以孝行有可紀也。故以名章，次聖治之後。或於『孝行』之下，又加『犯法』兩字，今不取也。」

子曰：「孝子之事親， 明皇本句末有「也」字，白文寫本、鄭注本無「也」字，嚴輯本云：「治要無『也』字。」 紀孝行也。**居則致其敬，** 盡其禮也。**養則致其樂，** 樂竭歡心，以事其親。 親，寫本作「上」，治要作「親」，據文意從治要也。 **病則致其憂，** 色不滿容， 色不滿容，寫本作「容色不滿」，治要作「色不滿容」，今從治要。 行不正履。**喪則致其哀，** 擗踊哭泣，盡其哀情。**祭則致其嚴，** 齋必變食，居必遷坐，敬忌踧踖， 踧踖，鄭注寫本作「縮跡」，治要作「踧踖」，釋文存「踧」，當以釋文、治要爲正。 若親存焉。 焉，治要作「也」。 **五者備矣，然後能事親。** 謂上五者孝道備矣，然後乃能事其親也。

【疏】「子曰」至「事親」 經泛言「孝子」，則所記孝行，無論貴賤也。云「居則致其敬」者，

「敬」對「養」而言也，祭義引曾子曰：「衆之本教曰孝，其行曰養，養可能也，敬爲難。」禮記坊記子云：「小人皆能養其親，君子不敬，何以辨？」論語爲政孔子答子游曰：「今之孝者，是謂能養。至於犬馬，皆能有養，不敬，何以別乎？」皆以養、敬爲言，故孝子之孝，平居則致其敬，不止於能養也。「養則致其樂」者，養父母之道，呂氏春秋孝行云：「養有五道：修宫室，安牀笫，節飲食，養體之道也。樹五色，施五采，列文章，養目之道也。正六律，龢五聲，雜八音，養耳之道也。熟五穀，烹六畜，龢煎調，養口之道也。龢顔色，説言語，敬進退，養志之道也。此五者，代進而厚用之，可謂善養矣。」案：呂氏春秋孝行一篇之論孝，或引孝經之文，或釋孝經之義，雖非解經之作，然義合經意，非子書偶有與經文類似之語者可比也。「喪則致其哀」者，論語子張子張論士，云：「喪思哀。」禮記問喪云：「故曰喪禮唯哀爲主矣。」檀弓：「喪禮，哀戚之至也。」少儀云：「喪事主哀。」檀弓子路曰：「吾聞諸夫子：『喪禮，與其哀不足而禮有餘也，不若禮不足而哀有餘也。』」鄭注云：「喪主哀。」「祭則致其嚴」者，祭統云：「祭者，所以追養繼孝也。」孔疏云：「養者，是生時養親。孝者，生時事親。親今既沒，設禮祭之，追生時之養，繼生時之孝。」蓋以事死如事生，故必致其嚴也。論語子張子張論士云：「祭思敬。」少儀：「祭祀主敬。」檀弓子路云吾聞諸夫子：「祭禮，與其敬不足而禮有餘也，不若禮不足而敬有餘也。」鄭注云：「祭主敬。」祭事皆言主敬，敬心以行，則嚴其禮也。又，祭統云：「是故孝子之事親也，有三道焉：生則養，沒則喪，喪畢則祭。養則觀其順也，喪則觀其哀也，祭則觀其敬而時也。盡此三道者，孝子之行也。」言「養則觀其順」，則養爲生，包此經居、養、病之時也。

注云「紀孝行也」者，以下五者皆爲孝行，故以「紀孝行」注「事親」也。

注云「盡其禮也」者，經言「致其敬」，注以「盡其禮」，孝子之於親，心致其敬，則行盡其禮也。廣要道章云：「禮者，敬而已。」鄭注云：「敬者，禮之本。」是也。其禮，若内則所云：「以適父母舅姑之所。及所，下氣怡聲，問衣燠寒，疾痛苛癢，而敬抑搔之。出入則或先或後，而敬扶持之。」玉藻所云：「父命呼，唯而不諾，手執業則投之，食在口則吐之，走而不趨。」曲禮所云：「凡为人子之礼，冬温而夏清，昏定而晨省，在醜夷不争。」又云：「夫爲人子者，出必告，反必面。所遊必有常，所習必有業。恒言不稱老。」此皆人子平居之禮也。

注云「樂竭歡心，以事其親」者，禮記檀弓孔子告子路曰：「啜菽飲水，盡其歡，斯之謂孝。」論語爲政孔子答子夏問孝，曰「色難」，鄭注云：「言和顏悦色爲難也。」皇疏引顏延之云：「夫氣色和則情志通，善養親之志者，必先和其色，故曰難也。」祭義云：「孝子之有深愛者，必有和氣。有和氣者，必有愉色。有愉色者，必有婉容。」此皆樂竭歡心，以事其親也。明皇御注引魏真克云「就養能致其歡」，邢疏云「致親之歡」，其説誤也。經云「敬」、「樂」、「憂」、「哀」、「嚴」，皆屬孝子，故「樂」爲孝子之樂，非親之樂也。

注云「色不滿容，行不正履」者，禮記文王世子云：「文王之爲世子，朝於王季日三」，「其有不安節，則内豎以告文王。文王色憂，行不能正履。」又言尋常世子之禮，「其有不安節，則内豎以告世子，世子色憂不滿容。」鄭注云：「色憂，憂淺也，不及文王行不能正履。」是「色不滿容」憂淺，「行不正履」憂深也。「其有不安節」，即親病之時，鄭注舉「色不滿容」、「行不正履」以解「致其憂」也。曲禮亦云：「父母有疾，冠者不櫛，行不翔，言不惰，琴瑟不御，食肉不至變味，飲酒不至變貌，笑不至矧，怒不至詈，疾止復故。」

注云「擗踊哭泣，盡其哀情」者，喪親章云：「擗踊哭泣，哀以送之。」正説喪致其哀之事，故鄭引以注此也。禮記問喪云：「故曰喪禮唯哀爲主矣。女子哭泣悲哀，擊胸傷心，男子哭泣悲哀，稽顙觸地無容，哀之至也。」檀弓云：「喪禮，哀戚之至也。」又云：「辟踊，哀之至也。」是喪禮有擗踊哭泣，以盡其哀情也。孔疏云：「撫心爲辟，跳躍爲踊。孝子喪親，哀慕至懣，男踊女辟，是哀痛之至極也。」

注云「齋必變食，居必遷坐」者，論語鄉黨文。鄭注彼云：「齋者，致肅敬於鬼神，故不可同於平時也。變食，改膳。遷坐，移居。」皇疏引范寧云：「齊以敬潔爲主，以期神明之享。故改常之食，遷居齊室也。」皇侃云：「方應接神，欲自潔淨，故變其常食也。亦不坐恒居之坐也，故於祭前先散齊於路寢門外七日，又致齊於路寢中三日也。」齊之禮，禮記祭統云：「及時將祭，君子乃齊。齊之爲言齊也，齊不齊以致齊者也。是以君子非有大事也，非有恭敬也，則不齊。不齊則於物無防也，嗜欲無止也。及其將齊也，防其邪物，訖其嗜欲，耳不聽樂，故記曰『齊者不樂』，言不敢散其志也。心不苟慮，必依於道。手足不苟動，必依於禮。是故君子之齊也，專致其精明之德也。故散齊七日以定之，致齊三日以齊之。定之之謂齊，齊者，精明之至也，然後可以交於神明也。是故先期旬有一日，宮宰宿夫人，夫人亦散齊七日，致齊三日。君致齊於外，夫人致齊於內，然後會於大廟。」禮記祭義云：「致齊於內，散齊於外。齊之日，思其居處，思其笑語，思其志意，思其所樂，思其所嗜。齊三日，乃見其所爲齊者。」孔疏云，此「明祭前齊事之日」。論語述而云：「子之所慎：齊、戰、疾。」皇疏云：「齊者，先祭之名也。將欲祭祀，則先散齊七日，致齊三日也。齊之言齊也，人心有欲，散漫不齊，故將接神，先自寧靜，變食、遷坐以自齊潔也。」公羊桓八年傳云：「君子之祭也，敬而不黷。」何休注云：「君子生則敬養，死則敬享，故將祭，宮室既脩，牆屋既繕，百物既備，序其禮樂，具其百官，散齊七日，致齊三日，夫婦齊戒沐浴，盛服，君牽牲，夫人奠酒，君親獻尸，夫人薦豆。卿大夫相君，命婦相夫人，洞洞乎，屬屬乎如弗勝，如將失之，濟濟乎致其敬也，愉愉乎盡其忠也，勿勿乎其欲饗之也。文王之祭，事死如事生，孝子之至也。」

注云「敬忌踧踖，若親存焉」者，「敬忌」之義，尚書顧命云：「眇眇予末小子，其能而亂四方，以敬忌天威。」甫刑云：「敬忌，罔有擇言在身。」鄭注不存。然禮記表記云：「甫刑曰：『敬忌，而罔有擇言在躬。』」鄭注云：「忌之言戒也。言己外敬而心戒慎，則無有可擇之言加於身也。」是鄭解「敬忌」爲「外敬而心戒慎」也。「踧踖」者，論語鄉黨：「君在，踧踖如也，與與如也。」鄭注云：「踧踖，謙讓貌也。」馬融注云：「踧踖，恭敬之貌也。」皇侃論語義疏亦云：「踧踖，恭敬貌也。」「若親存焉」者，皮疏云：「論語八佾曰：『祭如在。』孔注：『祭死如事生。』祭義曰：『文王之祭也，事死者如事生。』中庸曰：『事死如事生，事亡如事存，孝之至也。』此『若親存』之義也。」注云「謂上五者孝道備矣，然後乃能事其親也」者，五者，奉生之道三，居、養、病也，事死之道二，喪、祭也。「然後乃能事其親」者，乃可謂能事其親也。論語學而子夏云：「事父母，能竭其力。」五者正竭其力之事也。

事親者居上不驕，雖尊爲君，而不驕也。**爲下不亂，**爲臣則忠，（治要作「爲人臣下」。）不敢爲亂也。**在醜不爭。**同志爲友，齊年爲醜。醜，類也，以爲善惡不忿爭也。（治要無「惡」字。）

【疏】云「事親者居上不驕，爲下不亂，在醜不爭」者，承上言能行五者以事親，則無論居上、爲下、在醜，皆行得其當也。

注云「雖尊爲君，而不驕也」者，經云「居上」，則父、兄、君、長，皆在己上，而鄭注儀禮喪服「君」云：「有地者稱君」，君是居上中之有尊位者，故注云「雖尊爲君」也。「不驕」之義，鄭注諸侯章「在上不驕」云「敬上愛下，謂之不驕」，與此注之意同。

注云「爲臣則忠，不敢爲亂也」者，上經「居上」者衆，而舉其尊者，則此經「爲下」者不止於臣，而舉其卑者，故云「爲臣則忠」也。皮疏引論語曰：「其爲人也孝弟，而好犯上者，鮮矣。不好犯上而好作亂者，未之有也。」又引表記曰：「事君可貴可賤，可富可貧，可生可殺，而不可使爲亂。」其説是也。

注云「同志爲友，齊年爲醜。醜，類也，以爲善惡不忿爭也」者，論語學而「與朋友交而不信乎」，鄭注云：「同門曰朋，同志曰友。」詩關雎「琴瑟友之」，鄭箋云：「同志爲友。」禮記坊記「則弗友也」，鄭注亦云：「同志爲友。」後漢書張敏傳云「非所以導『在醜不爭』之義」，注云：「醜，類也。」與此鄭注同。禮記曲禮言爲人子之禮，「在醜夷不爭」，鄭注云：「醜，衆也。夷，猶儕也。」孔疏云：「醜，衆也。夷，猶儕也。皆等類之名。風俗語不同，故兼言之。夫貴賤相臨，則存畏憚，朋儕等輩，喜爭勝負，亡身及親，故宜誡之以不爭。」

居上而驕則亡，富貴不以其道得之，是以取亡也。（治要無「得之」二字。取，寫本作「則」，治要作「取」，審其文意，應爲「取」，形近而訛爲「則」也，據治要改。）**爲下而亂則刑，**爲人臣下好作亂，則刑罰及其身。（治要「作」作「爲」，句末有「也」字。）**在醜而爭則兵，**朋友之中好爲忿爭，則推刃之道也。（治要作「朋友中好爲忿爭者，惟兵刃之道。」刃，寫本原作「忍」，據治要正。）**三者不除，雖日用三牲之養，猶爲不孝。」**（白文寫本、鄭注本句末皆無「也」字，惟明皇御注本有「也」字。）夫愛親者不敢惡於人，（治要「人」下有「之親」，鄭據天子章「愛親者不敢惡於人」注此文，不應有「之親」。）今反驕亂忿爭，雖日煞三牲之養，豈得孝乎？（煞，治要作「致」。「豈得」之下，治要多一「爲」字。）

【疏】注云「富貴不以其道得之，是以取亡也」者，承上「居上不驕」之文，上注云「雖尊爲君」，即有爵禄者，故此云「富貴」也。論語里仁云：「富與貴，是人之所欲也。不以其道得之，不處也。」

鄭注云：「得富貴者當以仁，不以仁得之，仁者不居。」蓋不以其道而得之，乃取亡之道，故君子不居也。

注云「爲人臣下好作亂，則刑罰及其身」者，皮疏云：「鄭言五刑之目，見下五刑章。其他如王制之四誅，士師之八成，皆臣下好亂，刑罰及身者矣。」

注云「朋友之中好爲忿爭，則推刃之道也」者，論語顔淵孔子答樊遲問「辨惑」，云：「一朝之忿，忘其身以及其親，非惑與？」皇疏云：「君子有九思，忿則思難，故若人觸威者，則思後有患難，不敢遂肆我忿以傷害於彼也。若遂肆忿忘於我身，又災禍及己親，此則已爲惑。」論語季氏載孔子曰「君子有九思」，其一爲「忿思難」，皇疏云：「彼有違理之事，來觸於我，我必忿怒於彼。雖然，不得乘此忿心以報於彼，當思於忽有急難日也。一朝之忿忘其身以及其親，是謂難也。」皆可與此經相發。

注云「夫愛親者不敢惡於人，今反驕亂忿爭，雖日煞三牲之養，豈得孝乎」者，鄭注以天子章「愛親者不敢惡於人，敬親者不敢慢於人」爲通説，故以之釋不孝之由，居上驕，爲下亂，在醜爭，皆出於不能愛敬其親以及人之親故也。且驕致亡，亂招刑，爭來兵，皆禍及其親，故不孝之甚。三牲，白虎通社稷云：「祭社稷以三牲何？重功故也。尚書曰：『乃社於新邑，羊一，牛一，豕一。』王制曰：『天子社稷皆大牢，諸侯社稷俱少牢。』」周禮掌客鄭注：「三牲，牛羊豕，具爲一牢。」國語楚語韋昭注：「太牢，牛、羊、豕也。」公羊傳莊二十三年何注：「天子用三牲，諸侯用羊豕。」故三牲指羊一，牛一，豕一，本爲天子祭宗廟、社稷所用，經云三牲不云太牢者，以三牲之養供生者，太牢之祭供死者也。

五刑章第十一

【疏】邢疏云：「此章五刑之屬三千，案舜命皋陶云：『汝作士，明於五刑。』又禮記服問云：『罪多而刑五，喪多而服五。』以其服有親疏，罪有輕重也，故以名章。」邢疏又云「以前章有驕亂忿爭之事，言此罪惡必及刑辟，故此次之。」其説非也，紀孝行章所言皆中於禮，出於禮則入於刑，故以五刑章承紀孝行章，非以五刑承上章驕亂忿爭之事也。

子曰：「五刑之屬三千，正刑有五，科條三千。五刑者，謂劓、墨、宮割、臏、大辟。（治要作「五刑者，謂墨、劓、臏、宮割、大辟。」）穿窬盜竊者劓，劫賊傷人者墨，男女不以禮交者宮割，踰人垣墻、開人關籥臏，（釋文「踰」作「壞」，「籥」作「闔」，後多「者」字。）手煞人大辟。各以其所犯罪科之。條有三千者，謂以事同罪之屬也。**而罪莫大於不孝。**三千之罪，莫大於不孝。聖人所以惡之，故不書在三千條中。

【疏】「子曰」至「不孝」白虎通五刑云：「聖人治天下，必有刑罰何？所以佐德助治，順天之度也。故懸爵賞者，示有所勸也。設刑罰者，明有所懼也。」董子春秋繁露天辨在人篇云：「刑，德之輔也。」鄭玄周禮目録云：「刑者，所以驅恥惡，納人於善道也。」刑罰之制，三皇、五帝、三王各異。周禮外史疏、司圜疏并引鉤命決云：「三皇無文，五帝畫象，三王肉刑。」白虎通引作：「三皇無文，五帝畫象，三王明刑，應世以五。」公羊傳襄二十九年何注引孝經説云：「三皇設言民不違，五帝畫象世順機，三王肉刑揆漸加，應世黠巧姦僞多」。楊雄法言先知云：「唐、虞象刑惟明，夏后肉辟三千。」王符潛夫論衰制云：「無慢制而成天下者，三皇也。畫則象而化四表者，五帝也。明法禁而和海内者，三王也。」三皇之世，易系辭傳云：「上古結繩而治，後世聖人易之以書契，百官以治，萬民以察。」是三皇無文也。公羊傳襄二十九年疏引孝經疏云：「三皇之時，天下醇粹，其若設言，民無違者，是以不勞制刑，故曰三皇設言民無違也。」五帝之世，設爲象刑，荀子正論篇云：「治古無肉刑，而有象刑。」初學記引書傳云：「唐虞象刑，而民不犯。」漢書武帝紀元光元年詔云：「朕聞昔在唐虞，畫象而民不犯。」墨子云：「畫衣冠而民不犯。」象刑之目，白虎通云：「五帝畫象者，其衣服象五刑也。犯墨者蒙巾，犯劓者以赭著其衣，犯臏者以墨蒙其臏處而畫之，犯宫者履雜扉，犯大辟者布衣無領。」陳立疏證引諸書云：「書鈔引書大傳云：『唐虞象刑，犯墨者蒙皂巾，犯劓者赭其衣，犯臏者以墨蒙其臏處而畫之，犯大辟者衣無領。』白帖引書傳又云：『唐虞之象刑，上刑赭衣不純，中刑雜屨，下刑墨幪，以居州里而人恥。』是也。」公羊襄二十九年疏引孝經疏云：「五帝之時，黎庶已薄，故設象刑以示其恥，當世之人，順而從之，疾之而機矣，故曰『五帝畫象世順機』也，畫猶設也。其象刑者，即唐傳云『唐、虞之象刑，上刑赭衣不純』，注云『純，緣也，時人尚德義，犯刑者，但易之衣服，自爲大恥』，『中刑雜屨』，『屨，履也』，『下刑墨幪』，『幪，巾也，使不得冠飾』。『周禮罷民亦然。上刑易三，中刑易二，下刑易一，輕重之差，以居州里，而民恥之』是也。」「五刑」之名，始見於尚書堯典，舜命皋陶：「五刑有服，五服三就。」此五刑猶是象刑也。三王之世，始制肉刑者，漢書刑法志云：「禹承堯舜之後，自以德衰而制肉刑，湯武順而行之者，以俗薄於唐虞故也。」公羊襄二十九年疏引孝經疏云：「三王之時，劣薄已甚，故作肉刑以威恐之。言三王必爲重刑者，正揆度其世，以漸欲加而重之，故曰揆漸加也。當時之人，應其時世而爲黠巧、作姦偽者，彌多于本，用此之故，須爲重刑也。」據孝經緯說，肉刑起於三王之世，而三王之先，正自禹始，此與開宗明義章鄭注以「先王」爲「禹」相合。甫刑云「五刑之屬三千」，正此經所本。五刑三千，禮記服問云：「罪多而刑五，喪多而服五。上附下附，列也。」鄭注云：「列，等比也。」鹽鐵論刑德篇云：「親服之屬甚衆，上殺下殺，而服不過五。五刑之屬三千，上附下附，而罪不過五。」論衡謝短篇云：「古禮三百，威儀三千，刑亦正刑三百，科條三千。出於禮，入於刑，禮之所去，刑之所取，故其多少同一數也。」後漢書陳寵傳云：「禮經三百，威儀三千，故甫刑大辟二百，五刑之屬三千。禮之所去，刑之所取，失禮則入刑，相爲表裏者也。」五刑之條，經有異說。周禮司刑云：「司刑掌五刑之法，以麗萬民之罪。墨罪五百，劓罪五百，宮罪五百，刖罪五百，殺罪五百。」計二千五百條也。尚書呂刑云：「墨罰之屬千，劓罰之屬千，剕罰之屬五百，宮罰之屬三百，大辟之罰其屬二百。五刑之屬三千。」計三千條也。劉炫述議調停其説云：「呂刑所陳乃是夏法。三王異禮，而刑亦不同，世輕世重，故名數有異。孔子生周世，不以周法爲言者，以呂刑有此成文，三千又是大數，雖復二千五百亦得謂之三千，意在不孝之罪，非爲主論刑罰，故以三千言耳，非是故舍周而遠言夏制也。」劉炫不取鄭玄以「先王」爲禹之説，故與呂刑三千、司刑二千五，可以不計。然鄭君注經之精，正在詳於典禮。孝經經文同於呂刑，不同周官，又，呂刑序云：「穆王訓夏贖刑，作呂刑。」是從夏之作，故鄭注以孝經爲孔子所作，多從夏法，以成孔子之法，以總會六經之道，故鄭君不取周禮注此經也。

云「而罪莫大於不孝」者，五刑之屬三千，刑名有五，科條三千，其科條皆罪也。而罪非皆在科條三千之中，罪之大者，莫過於不孝之罪也。呂氏春秋孝行覽云：「商書曰：『刑三百，罪莫重於不孝。』」高誘注云：「商湯所制法也。」「三百」疑爲「三千」之譌。

注云「正刑有五，科條三千」者，正刑之義，王制云：「司寇正刑明辟，以聽獄訟。」孔疏云：「謂司寇當正定刑書，明斷罪法，使刑不差二，法不傾邪，以聽天下獄訟。」刑分五類，罪條三千，三千之條，公羊襄二十九年疏引元命苞云：「墨、劓辟之屬各千，臏辟之屬五百，宮辟之屬三百，大辟之屬二百，列爲五刑，罪次三千。」白虎通五刑云：「科條三千者，應天地人情也。五刑之屬三千，大辟之屬二百，宮辟之屬三百，腓辟之屬五百，劓、墨辟之屬各千，張布羅衆，非五刑不見。」其科條與呂刑之説同。此今文家之通説，而鄭君據以注孝經也。案：周禮司刑條有二千五百，與此不同，司刑鄭注云：「夏刑大辟二百，臏辟三百，宮辟五百，劓墨各千，周則變焉，所謂刑罰世輕世重者也。」鄭見周禮司刑與尚書呂刑科條不同，故分司刑爲周公法，呂刑爲穆王所改輕法。又以呂刑序云穆王訓夏贖刑，乃以爲穆王所據爲夏禹贖刑輕法，是夏刑三千，墨、劓刑輕，俱千，大辟刑重，惟二百，故夏刑輕也。至周公承殷衰亂之世，以輕刑入重刑，俱爲五百條，是刑重也。及至穆王，承平日久，故復夏禹輕刑之法也。鄭君注禮、箋詩、注書，於經文異義，多分屬各代，調停其説，此其一例也。公羊襄二十九年疏亦云：「然則司刑職，周刑也。孔子爲春秋，採摘古制，是以元命包之文，與司刑名異，條目不同。」可以疏解鄭説。然有先於鄭君者，漢書刑法志云，「昔周之法，建三典以刑邦國，詰四方，一曰刑新邦用輕典，二曰刑平邦用中典，三曰刑亂邦用重典。」「五刑，墨罪五百，劓罪五百，宫罪五百，刖罪五百，殺罪五百，所謂刑平邦用中典者也。」又云：「周道既衰，穆王眊荒，命甫侯度時作刑，以詰四方。墨罰之屬千，劓罰之屬千，髕罰之屬五百，宫罰之屬三百，大辟之罰其屬二百。五刑之屬三千，蓋多於平邦中典五百章，所謂刑亂邦用重典者也。」皮錫瑞今文尚書考證駁之云：「班志之義，蓋以周禮比尚書，而甫刑多出五百章，故以爲用重典，然其説殊非是。周禮一書與諸經多不相通，書序云：『穆王訓夏贖刑。』大傳云：『夏刑三千條。』是甫刑之五刑三千，乃用古法，非穆王自造，何得附會周禮比較其數，以爲亂邦用重典乎？如甫刑爲亂邦之制，孔子刪書必刪之矣。刑法志又云：『宜刪定律令，纂二百章，以應大辟。其餘罪次，皆復古刑，爲三千章。如此，則法可畏而民易避。』則班氏亦不盡以三千章爲重典也。」皮説是也。又，漢書刑法志成帝河平中，詔曰：「甫刑云：『五刑之屬三千，大辟之罰其屬二百。』今大辟之刑千有餘條，律令煩多，百有餘萬言，奇請它比，日以益滋，自明習者不知所由，欲以曉喻衆庶，不亦難乎。」大辟刑重，故條多則罰重，故成帝特舉大辟之屬，以證律令煩苛，不可惟以三千與二千五百之數斷輕典重典也。

注云「五刑者，謂劓、墨、宫割、臏、大辟」者，公羊襄二十九年何注亦云：「古者肉刑，墨、劓、臏、宫，與大辟而五。」劓，白虎通五刑云：「劓者，劓其鼻也。」周禮司刑鄭注云：「劓，截其鼻也。」墨，白虎通云：「墨者，墨其額也。」周禮司刑鄭注云：「墨，黥也，先刻其面，以墨窒之。」宫割者，白虎通云：「宫者，女子淫，執置宫中，不得出也。丈夫淫，割去其勢也。」周禮司刑鄭注云：「宫者，丈夫則割其勢，女子閉於宫中。」臏者，今文尚書、史記作「臏」，今存古文尚書吕刑作「剕」，周禮司刑作「刖」。公羊襄二十九年疏引鄭駁異義云「臯陶改臏爲剕。吕刑有剕，周改剕爲刖。」周禮司刑鄭注又云：「周改臏作刖。」二説不同，是鄭自相矛盾，然其要皆足刑也。白虎通云：「腓者，脱其臏也。」周禮司刑鄭注云：「刖，斷足也。」大辟者，白虎通云：「大辟者，謂死也。」禮記文王世子云：「其死罪，則曰：『某之罪在大辟。』」大辟即死罪也。

注云「穿窬盗竊者劓」者，穿窬，論語陽貨子曰：「色厲而内荏，譬諸小人，其猶穿窬之盗也與？」僞孔云：「穿，穿壁。窬，窬牆。」表記云：「君子不以色親人。情疏而貌親，在小人則穿窬之盗也與？」趙岐注孟子盡心下「人能充無穿窬之心，而義不可勝用也」，亦云：「穿牆踰屋，姦利之心也。」周禮司刑疏引尚書大傳云：「觸易君命，革輿服制度，姦軌盗攘傷人者，其刑劓。」其説與此注異。

注云「劫賊傷人者墨」者，書傳云：「非事而事之，出入不以道義，而誦不詳之辭者，其刑墨。」亦與鄭注不同。

注云「男女不以禮交者宮割」者，書傳云：「男女不以義交者，其刑宮。」與鄭注同。

注云「逾人垣墻、開人關籥臏」者，書傳云：「決關梁、逾城郭而略盜者，其刑臏。」與此同也。

注云「手煞人大辟」者，書傳云：「降畔、寇賊、劫略、奪攘、矯虔者，其刑死。」敦煌義疏云：「煞刑大辟，不直云煞人而云手煞人者，若誤煞，非手足，故爲刖不死，宜有贖。」是也。案：五刑之罪，鄭注與書傳各有異同，尤以劓、墨二罪之説大異。蓋以三千之條，刑書早亡，書傳略録其目而已，而鄭注孝經不從其説，或别有所本也。鄭注司刑直引書傳之文，而注孝經則否者，以尚書甫刑爲穆王從夏之法，大傳所述五刑之罪，乃釋甫刑之文，故可以據穆王所定，而推司刑周公之法。然孝經則是孔子總會六藝之道所作，雖用甫刑「五刑之屬三千」之文，然已非穆王之法，故不可直以大傳之文解孝經也。

注云「條有三千者，謂以事同罪之屬也」者，左傳襄六年云：「同罪異罰，非刑也。」後漢書桓譚傳桓譚上疏曰：「今法令、決事輕重不齊，或一事殊法，同罪異論，姦吏得因緣爲市。」事同則罪同也。

注云「『三千』至『條中』」者，劉炫述議引江左名臣袁宏、謝安、王獻之、殷仲文之徒皆云：「五刑之罪可得而名，不孝之罪不可得而名，故在三千之外。」並云「近世儒生共遵此旨」。邢疏鈔襲劉疏，云：「舊注説及謝安、袁宏、王獻之、殷仲文等，皆以不孝之罪，聖人惡之，云在三千條外。」敦煌本義疏云：「三千之科，無不孝之罪，夫聖人之所不制也。」可證劉氏之説。此皆鄭注義疏也。然不孝之罪，當何以處之，經無明文，皮疏據周官之文略舉其例，云：「據周禮掌戮『凡殺其親者焚之』，鄭注：『焚，燒也。易曰：焚如，死如，棄如。』疏引鄭易注曰：『震爲長子，爻失正，不知其所如，不孝之罪，五刑莫大焉，得用議貴之辟刑之，若如所犯之罪。焚如，殺其親之刑。死如，殺人之刑也。棄如，流宥之刑也。』又周禮大司徒：『以鄉八刑糾萬民，一曰不孝之刑。』疏云：『一曰不孝之刑者，有不孝於父母者則刑之。孝經不孝不在三千者，深塞逆源，此乃禮之通教。』賈公彥以爲不孝在三千條外，當據鄭注孝經文。五刑三千，極重者不過大辟。鄭云『死如，殺人之刑』，與此注云『手殺人者大辟』正合。若焚如之刑，更重於大辟，當在三千條外，是殺其親者不在五刑三千中矣。」王肅注經，專與鄭立異，故注此云：「三千之刑，不孝之罪最甚大。」是言不孝之罪在三千條中也。劉炫申之曰：「上章云『此三者不除，雖日用三牲養，猶爲不孝。』此章承之，即云『罪莫大於不孝』，則不孝之罪還是驕、亂之比，驕、亂之罪，豈得在三千條外乎？若驕、亂之罪不在三千，則三千之條何所誅也？且以上經類之，『人之行莫大於孝』，孝者在行之中矣。『孝莫大於嚴父』，嚴父在孝中矣。『嚴父莫大於配天』，配天在嚴父中矣。此云『五刑三千，而罪莫大於不孝』，則不孝亦當在三千中矣，復安得在三千外也？或以爲禮記檀弓云，邾婁定公之時，有弒其父者。公懼然失席曰：『寡人嘗學斷斯獄矣，殺其人，壞其室，洿其宮而豬焉。』此事在三千條外。斯不然矣。三千之條，經典亡滅，安知此事在三千條外乎？若三千不載，則法所不傳，定公何所諮承而云『學斷』之乎？且孝雖事親之名，乃是百行之本。行乖其道，皆是不孝，豈要擊母殺父始爲不孝者哉？若行乖孝道即不在刑，則三千之刑無可刑矣。」

案：劉氏之説非也。孝經本素王立法之所寄，不孝之罪，惡之不名，故不書在三千條中，以見其異於他罪也。紀孝行章所云在上驕而亡身，在下亂而遭刑，在醜爭而毀身，「三者不除，雖日用三牲之養，猶爲不孝」，是言其不及於孝，非此之「罪莫大於不孝」也。驕、亂、爭之罪，即以驕、亂、爭處之，非以不孝之罪處之也。劉氏又據聖治章「人之行莫大於孝，孝莫大於嚴父，嚴父莫大於配天」，言不孝之罪在五刑科條之中，然此經「五刑之屬三千，而罪莫大於不孝」，明有「罪」字，鄭意以爲不孝是罪，然不在三千條之中也，此又有何不可？若如劉説，則當刪此「罪」字也。三千之條，重莫過於大辟，檀弓所云「殺其人，壞其室，洿其宮而豬焉」，此正在大辟之外，可證子弑父之惡，非大辟之罪所能容。邾婁定公所謂「學斷斯獄」，正言子弑父，不在三千條中，雖大辟無以處之，乃至於殺其人，壞其室，洿其宮而豬之皆可也。劉氏所云「行乖其道，皆是不孝」，正誤解經文，強爲駁辨之所由。蓋經爲孔子立法所定，乃萬世之公理，典章之淵藪，此經專言孝爲德之本，教之所由生，人之行莫大於孝，教民親愛禮順，莫善於孝悌，故罪之至大，莫過於不孝，故云「罪莫大於不孝」，是言不孝以至於罪，雖大辟之刑不足以罰之，故不書在三千條中，非謂一切可稱爲不孝者，皆當刑以大辟以上也。若以劉氏讀書之法讀此經，則孟子云「不孝有三，無後爲大」，合孟子此言於孝經，可以殺人如麻矣。依經文之意，五刑之屬三千，皆爲治人而設，而父子之道，天性之親，不孝之人若禽獸然，故聖人立法，不以五刑三千治之也。唐明皇御注云「條有三千，而罪之大者莫過於不孝」，邢疏以爲不孝之罪在三千條中，蓋明皇注孝經，頒天下家藏，而唐律中，不孝之罪爲十惡第四，佈在刑典，故唐明皇不得不以此注與當時律典相應也。

要君者無上，事君，先事而後食禄。今反要君，君，治要作「之」。是無上也。治要作「此無尊上之道。」**非聖人者無法，**非侮聖人者，不可法。**非孝者無親，**既不自孝，又非他人爲孝，不可親也。嚴輯本「既」作「已」，句末無「也」字。**此大亂之道。」**白文寫本、鄭注本句末皆無「也」字。明皇御注本有「也」字。事君不忠，非侮聖人，治要作「侮聖人言」。非孝行者，治要「孝」下無「行」字。此則大亂之道。治要作「大亂之道也」。

【疏】「要君」至「之道」　此另起一義，非謂要君、非聖、非孝者爲不孝也。注云「事君，先事而後食禄。今反要君，是無上也」者，明尊君之義也。事君之道，先事後食，經典之通義。禮記儒行儒者「易禄而難畜」，「先勞而後禄，不亦易禄乎？」，鄭注云：「勞，猶事也。」論語雍也子曰：「仁者先難而後獲。」鄭注云：「勤勞而後受禄。」顏淵「先事後得，非崇德歟」，僞孔云：「先勞於事，然後得報。」衛靈公云：「事君，敬其事而後其食。」僞孔云：「先盡力而後食禄。」此皆先事而後食禄之意也。「今反要君」，是不事君而要之以求禄也。經言「要君」有二。表記：「子曰：『事君三違而不出竟，則利禄也。人雖曰不要，吾弗信也。』」鄭注云：「違，猶去也。利禄，言爲貪禄留也。臣以道去君，至於三而不遂去，是貪禄，必以其强與君要也。」論語憲問子曰：「臧武仲以防求爲後於魯，雖曰不要君，吾不信也。」皇疏引袁氏云：「奔不越境，而據私邑求立先人之後，此正要君也。」是皆言臣去君而貪其祿也。敦煌義疏解此經云：「要，求也。上者尊崇之稱。言臣事君，當竭力致身，國家之事，知無不爲，若不爲國，而恒諂詐以要求於祿，此人是無崇君之心。」是也。

注云「非侮聖人者不可法」者，明師法之義也。非侮聖人，非但指聖人其人，猶指聖人之典籍也。論語季氏孔子言君子有三畏，曰「畏聖人之言」，皇疏云：「心服曰畏」，「聖人之言，謂五經典籍聖人遺文也，其理深遠，故君子畏之也。」論語又云小人「侮聖人之言」，皇疏云：「謂經籍爲虛妄，故輕侮之也。」是故非侮聖人之言者，不可師法也。

注云「既不自孝，又非他人爲孝，不可親也」者，明親也。皮疏云：「詩既醉：『孝子不匱，永錫爾類。』箋云：『永，長也。孝子之行，非有竭極之時，長以與女之族類，謂廣之以教道天下也。』春秋傳曰：『潁考叔，純孝也，施及莊公。』』據此，則能自孝者，必教他人爲孝；而不自孝者，反非他人爲孝，與潁考叔正相反矣。」

注云「事君不忠，非侮聖人，非孝行者，此則大亂之道」者，鄭君此三注，與後世習見不同。唐明皇御注於上三句注云：「君者，臣之稟命也，而敢要之，是無上也。」「聖人制作禮樂，而敢非之，是無法也。」「善事父母爲孝，而敢非之，是無親也。」雖句式嚴整，然其意不止於釋解經文，更在教訓臣民。邢疏云：「言人不忠於君，不法於聖，不愛於親，此皆爲不孝，乃是罪惡之極，故經以大亂結之也。」蓋明皇御注以此經承「罪莫大於不孝」，故三者皆不孝所致。若依鄭意，「五刑之屬三千，而罪莫大於不孝」一句，與後「大亂之道」分而爲二，前言不孝之罪至重，後言君、師、親之法，蓋鄭君以孝經爲總會六藝之道而作，故經之所言，範圍天地，囊括衆理，通於群經，非必句句言孝也。公羊文六年何休注云：「無尊上，非聖人，不孝者，斬首梟之。無營上，犯軍法者，斬要。殺人者，刎脰。」其刑皆戰國秦漢之法，非經書舊制，然梟首重於大辟，則與鄭注云不孝之罪在三千條外同。

廣要道章第十二

【疏】邢疏云：「前章明不孝之惡，罪之大者，及要君、非聖人，此乃禮教不容。廣宣要道以教化之，則能變而爲善也。首章略云至德、要道之事，而未詳悉，所以於此申而演之，皆云廣也，故以名章，次五刑之後。『要道』先於『至德』者，謂以要道施化，化行而後德彰，亦明道德相成，所以互爲先後也。」

子曰：「教民親愛，莫善於孝。孝者德之本，又何加焉。**教民禮順，莫善於悌。**先孝後悌，人行之次。（釋文句末多「也」字。）**移風易俗，莫善於樂。**夫樂者感人情，（治要同，釋文后加「者也」。）樂正則心正，樂淫則心淫。（治要句末多「也」字。）孔子曰：「惡鄭聲之亂雅樂也。」**安上治民，莫善於禮。**上好禮，則民易使也。（也，寫本作「之」，據治要、釋文改。）

【疏】「子曰」至「於禮」「教民親愛」者，謂國家政教，使民相親愛，非獨親愛己之父母也。「教民禮順」，謂使民皆能敬長順禮，非獨順於己之兄長也。親愛、禮順之效，即開宗明義章所云「民用和睦，上下無怨」也。

云「移風易俗，莫善於樂，安上治民，莫善於禮」，漢書禮樂志、藝文志、張奮傳、白虎通禮樂篇、漢紀、呂氏春秋仲春紀高注、徐幹中論藝紀皆引作「安上治民，莫善於禮，移風易俗，莫善於樂。」然據孝經各版本，皆作「移風易俗，莫善於樂，安上治民，莫善於禮」，無如引者，蓋後世禮重於樂，故引此經先禮後樂，然當以孝經本文爲正。爲政以禮樂爲教化之急，白虎通禮樂云：「禮樂者，何謂也？禮之爲言履也，可履踐而行。樂者，樂也，君子樂得其道，小人樂得其欲。王者所以盛禮樂何？節文之喜怒。樂以象天，禮以法地。人無不含天地之氣，有五常之性者，故樂所以蕩滌，反其邪惡也。禮所以防淫佚，節其侈靡也。故孝經曰：『安上治民，莫善於禮。移風易俗，莫善於樂。』」後漢書張奮傳奮奏漢廷制定禮樂，云：「聖人所美，政道至要，本在禮樂。五經同歸，而禮樂之用尤急。孔子曰：『安上治民，莫善於禮。移風易俗，莫善於樂。』又曰：『揖讓而化天下者，禮樂之謂也。』先王之道，禮樂可謂盛矣。」禮樂必並行，故漢書藝文志云：「自黃帝下至三代，樂各有名。孔子曰：『安上治民，莫善於禮。移風易俗，莫善於樂。』二者相與並行。」漢書禮樂志云：「六經之道同歸，而禮樂之用爲急。治身者斯須忘禮，則暴嫚入之矣；爲國者一朝失禮，則荒亂及之矣。人函天地陰陽之氣，有喜怒哀樂之情。天稟其性而不能節也，聖人能爲之節而不能絕也，故象天地而制禮樂，所以通神明，立人倫，正情性，節萬事者也。」「故孔子曰：『安上治民，莫善於禮；移風易俗，莫善於樂。』」

云「移風易俗，莫善於樂」者，風、俗之義有二，一以上風化下俗。詩序云：「風，風也，教也。風以動之，教以化之。」邢疏引韋昭曰：「人之性系於大人，大人風聲，故謂之『風』。隨其趨舍之情欲，故謂之『俗』。」敦煌本義疏云：「風者君上之教，俗者民下所行。」是言移君上之風教，以化下民之習俗也。一以風、俗並稱，漢書地理志云：「凡民函五常之性，而其剛柔緩急，音聲不同，繫水土之風氣，故謂之風。好惡取舍、動靜亡常，隨君上之情欲，故謂之俗。孔子曰：『移風易俗，莫善於樂。』言聖王在上，統理人倫，必移其本，而易其末，此混同天下一之虖中和，然後王教成也。」毛詩序疏釋此文云：「移風俗者，地理志云：『民有剛柔緩急，音聲不同，繫水土之風氣，故謂之風。好惡、取捨、動靜，隨君上之情欲，故謂之俗。』則風爲本，俗爲末，皆謂民情好惡也。緩急繫水土之氣，急則失於躁，緩則失於慢。王者爲政，當移之，使緩急調和，剛柔得中也。隨君上之情，則君有善惡，民並從之。有風俗傷敗者，王者爲政，當易之使善。故地理志又云：『孔子曰：移風易俗，莫善於樂。言聖王在上，統理人倫，必移其本而易其末，然後王教成。』是其事也。」風俗通義序云：「孝經曰：『移風易俗，莫善於樂。』傳曰：『百里不同風，千里不同俗。』戶異政，人殊服，由此言之，爲政之要，辨風正俗最其上也。」亦同地理志。是言君上之教，移民之風，易民之俗也。此經云「移風易俗，莫善於樂」，當以前説爲正，且陸賈新語無爲云：「故上之化下，猶風之靡草也。王者尚武於朝，則農夫繕甲兵於田。故君子之禦下也，民奢應之以儉，驕淫者統之以理，未有上仁而下賊，讓行而爭路者也。故孔子曰：『移風易俗。』」此前漢舊説，正與鄭注同。鄭注所云，專言「移風」，即以正樂感人情而化民俗也。案：化俗爲大一統政教之大端，蓋自五帝以後，天下一統，大禹治水，九州匯聚，而孔子作春秋，明大一統之義。然以九州物博地廣，南北寒暑不同，民居其間，習俗不能不異。故爲政之要，太平之道，無不辨正風俗，使民日遷善而不知。經典言「俗」有二，敦煌義疏云：「俗有二種：一是從習時君所得，二是習土地常行。何謂從君所得？猶如晉魏君儉，民皆褊急，曹檜國奢，民皆華侈。故詩序云：『國異政，家殊俗。』此是習君上所爲。土地俗者，如吴楚土薄水淺，民性閒急，齊魯土厚水深，民性遲緩。故王制云：『廣谷大川異制，人居其閒異俗。』此是習土地之俗，不可推移。」又若管子水地據水言俗云：「水者何也？萬物之本原也，諸生之宗室也，美惡、賢不肖、愚俊之所產也。何以知其然也？夫齊之水，道躁而復，故其民貪麤而好勇。楚之水，淖弱而清，故其民輕果而賊。越之水，濁重而洎，故其民愚疾而垢。秦之水，泔㝡而稽，淤滯而雜，故其民貪戾，罔而好事。齊晉之水，枯旱而運，淤滯而雜，故其民諂諛而葆詐，巧佞而好利。燕之水，萃下而弱，沈滯而雜，故其民愚戇而好貞，輕疾而易死。宋之水，輕勁而清，故其民閒易而好正。」民之習俗一從政教，一從自然。從政教之俗可以推移，從自然之俗不可推移。王制言司空之職，云：「凡居民材，必因天地寒暖燥濕，廣谷大川異制，民生其間者異俗，剛柔、輕重、遲速異齊，五味異和，器械異制，衣服異宜。修其教，不易其俗，齊其政，不易其宜。」至於蠻夷，益不可推移也，故王制又云：「中國戎夷，五方之民，皆有其性也，不可推移。」「中國、夷、蠻、戎、狄，皆有安居、和味、宜服、利用、備器，五方之民，言語不通，嗜欲不同。」然王制言司徒之職，則云：「司徒脩六禮以節民性，明七教以興民德，齊八政以防淫，一道德以同俗。」孔疏云：「一道德以同俗者，道，履蹈而行，謂齊一所行之道，以同國之風俗。」司徒所職，要在中國九州之内，非在蠻夷狄戎，而其「同俗」，要在君上之政教，非變土地之常行也。君上之政教，齊一道德以教化民，雖民俗因水土之異而有緩急之差，然以政教化之，則皆能尊尊親親也。漢書王吉傳王吉上書云：「春秋所以大一統者，六合同風，九州共貫也。」言「風」，則非俗也，大一統，即六合同一道德之教，非謂異地同俗也。詩序言詩，「先王以是經夫婦，成孝敬，厚人倫，美教化，移風俗。」是詩亦能移風俗。詩序疏云「此序言詩能易俗，孝經言樂能移風俗者，詩是樂之心，樂爲詩之聲，故詩、樂同其功也。然則詩、樂相將，無詩則無樂。周存六代之樂，豈有黄帝之詩？有樂而無詩，何能移風易俗？斯不然矣。原夫樂之初也，始於人心，出於口歌，聖人作八音之器以文之，然後謂之爲音，謂之爲樂。樂雖逐詩爲曲，仿詩爲音，曲有清濁次第之序，音有宮商相應之節，其法既成，其音可久，是以昔日之詩雖絶，昔日之樂常存。樂本由詩而生，所以樂能移俗。歌其聲謂之樂，誦其言謂之詩，聲言不同，故異時别教。王制稱春教樂，夏教詩。經解稱『温柔敦厚，詩教也』，『廣博易良，樂教也』。由其事異，故異教也，此之謂詩樂。據五帝以還，詩樂相將，故有詩則有樂。」

云「安上治民，莫善於禮」者，禮記經解云：「禮之於正國也，猶衡之於輕重也，繩墨之於曲直也，規矩之於方圜也，故衡誠縣，不可欺以輕重。繩墨誠陳，不可欺以曲直。規矩誠設，不可欺以方圜。君子審禮，不可誣以姦詐。是故隆禮由禮，謂之有方之士。不隆禮，不由禮，謂之無方之民。敬讓之道也。故以奉宗廟則敬，以入朝廷則貴賤有位，以處室家則父子親，兄弟和，以處鄉里則長幼有序。孔子曰：

『安上治民，莫善於禮。』此之謂也。」孔疏云：「記者乃引孔子所作孝經之辭以結之，故云『此之謂也』。」禮記出自七十二子及其後學所記，經解此文，乃解此經最早者，可證孝經乃孔子之言也。經解又云：「故朝覲之禮，所以明君臣之義也。聘問之禮，所以使諸侯相尊敬也。喪祭之禮，所以明臣子之恩也。鄉飲酒之禮，所以明長幼之序也。昏姻之禮，所以明男女之别也。夫禮，禁亂之所由生，猶坊止水之所自來也。故以舊坊爲無所用而壞之者，必有水敗。以舊禮爲無所用而去之者，必有亂患。故昏姻之禮廢，則夫婦之道苦，而淫辟之罪多矣。鄉飲酒之禮廢，則長幼之序失，而爭鬭之獄繁矣。喪祭之禮廢，則臣子之恩薄，而倍死忘生者衆矣。聘覲之禮廢，則君臣之位失，諸侯之行惡，而倍畔侵陵之敗起矣。」諸禮行，則安上治民矣。案：經解所述諸禮，皆出今之儀禮，若禮運述禮，亦云：「其行之，以貨力、辭讓、飲食、冠、昏、喪、祭、射、御、朝、聘。」可見禮經即今之儀禮，非周官也。禮之義可以貫通群經，而其制之大端則在禮經。禮運云：「是故禮者，君之大柄也，所以别嫌明微、儐鬼神、考制度、别仁義，所以治政安君也。」孔疏云：「用禮爲柄，如前諸事，故治國得政，君獲安存，故孝經云：『安上治民，莫善於禮。』」禮記哀公問引孔子曰：「民之所由生，禮爲大。非禮無以節事天地之神也，非禮無以辨君臣上下長幼之位也，非禮無以别男女父子兄弟之親、昏姻疏數之交也，君子以此之爲尊敬然。然後以其所能教百姓，不廢其會節。」人倫以禮爲定，則上安民治矣。曲禮云：「道德仁義，非禮不成。教訓正俗，非禮不備。分爭辨訟，非禮不決。君臣、上下、父子、兄弟，非禮不定。宦學事師，非禮不親。班朝治軍，涖官行法，非禮威嚴不行。禱祠祭祀，供給鬼神，非禮不誠不莊。」此亦以禮安上治民也。

注云「孝者德之本，又何加焉」者，引開宗明義章「夫孝，德之本」以注此經也。聖治章「人之行莫大於孝」，鄭注亦云：「孝者，德之本，又何加焉。」蓋孝主於愛敬，愛敬莫先於愛敬其親，愛敬其親，乃能愛敬他人之親，使民相親愛，上下無怨。故教民親愛，當先立其本，其本即在孝也。禮記祭義云：「衆之本教曰孝。」孔疏云：「言孝爲衆行之根本，以此根本而教於下，名之曰孝。則孝經云『孝者德之本』，又云『教民親愛，莫善於孝』，是衆行之根本以教於民，故謂之孝也。」

注云「先孝後悌，人行之次」者，皮疏引大戴禮衛將軍文子篇：「孔子曰：『孝，德之始也；弟，德之序也。』」又云：「次與序義近，孝爲德之始，而悌之德次於孝。孝經本言孝，而次即言悌，故曰人行之次也。」皮説是也。鄭君以「教民親愛」至「莫善於悌」言「至德」，以「移風易俗」至「莫善於禮」言「要道」。

注云「夫樂者感人情，樂正則心正，樂淫則心淫」者，天下之大，廣谷大川異制，民生其間者異俗，然凡君子民庶，皆人也，凡齊魯吴楚，皆人也，人爲天地所生，而有人之性，有不學而能，不因俗而變者。禮運云：「何謂人情？喜、怒、哀、懼、愛、惡、欲，七者弗學而能。」白虎通性情云：「人稟陰陽氣而生，故内懷五性六情。」「五性者何謂？仁、義、禮、智、信也。」「六情者，何謂也？喜、怒、哀、樂、愛、惡謂六情，所以扶成五性。」其説略異，然皆人稟天地之所生也。樂感人稟於天所生致固有之情，樂記言樂云：「凡音之起，由人心生也。人心之動，物使之然也。感於物而動，故形於聲。聲相應，故生變，變成方，謂之音。比音而樂之，及干戚、羽旄，謂之樂。樂者，音之所由生也，其本在人心之感於物也。」又云：「聖人之所樂也，而可以善民心。其感人深，其移風易俗，故先王著其教焉。夫民有血氣心知之性，而無哀樂喜怒之常，應感起物而動，然後心術形焉。是故志微、噍殺之音作，而民思憂；嘽諧、慢易、繁文、簡節之音作，而民康樂；粗厲、猛起、奮末、廣賁之音作，而民剛毅；廉直、勁正、莊誠之音作，而民肅敬；寬裕、肉好、順成、和動之音作，而民慈愛；流辟、邪散、狄成、滌濫之音作，而民淫亂。」又云：「故樂行而倫清，耳目聰明，血氣和平，移風易俗，天下皆寧。」樂之五音宮、商、角、徵、羽，所主不同。白虎通禮樂云：「聞角聲，莫不惻隱而慈者。聞徵聲，莫不喜養好施者。聞商聲，莫不剛斷而立事者。聞羽聲，莫不深思而遠慮者。聞宮聲，莫不溫潤而寬和者也。」公羊隱五年何注云：「凡人之從上教也，皆始於音，音正則行正。故聞宮聲，則使人溫雅而廣大。聞商聲，則使人方正而好義。聞角聲，則使人惻隱而好仁。聞徵聲，則使人整齊而好禮。聞羽聲，則使人樂養而好施。所以感蕩血脈，通流精神，存寧正性。」五經通義、韓詩外傳、晉書樂志皆云：「湯作護，聞其宮聲，使人溫良而寬大。聞其商聲，使人方廉而好義。聞其角聲，使人惻隱而仁愛。聞其徵聲，使人樂養而好施。聞其羽聲，使人恭儉而好禮。」敦煌義疏釋此注云：「夫樂感人情，感，動也。人情善惡，皆由王者之樂感動也。樂正則心正，如堯舜之民，比屋可封是。樂淫則心淫，桑間濮上，長夜靡靡，如桀紂之民，比屋可誅。」案：如鄭此注，是以樂移風，乃能易俗也。

注云「孔子曰惡鄭聲之亂雅樂也」者，論語陽貨文。皇疏云：「鄭聲者，鄭國之音也，其音淫也。雅樂者，其聲正也。」白虎通禮樂云：「樂尚雅何？雅者，古正也，所以遠鄭聲也。孔子曰『鄭聲淫』何？鄭國土地民人，山居谷浴，男女錯雜，爲鄭聲以相誘悦懌，故邪僻，聲皆淫色之聲也。」鄭注論語泰伯「師摯之始，關雎之亂，洋洋乎盈耳哉」云：「周道既衰，鄭、衛之音作，正樂廢而失節。」樂記孔疏引許慎異義云：「今論語説：鄭國之爲俗，有溱、洧之水，男女聚會，謳歌相感，故云『鄭聲淫』。左傳説：煩手淫聲謂之鄭聲者，言煩手躑躅之聲，使淫過矣。許君謹案：鄭詩二十一篇，説婦人者十九矣，故鄭聲淫也。」初學記引許慎五經通義云，「鄭國有溱、洧之水，男女聚會謳歌相感，今鄭詩二十一篇，説婦人者十九，故鄭聲淫也。」又云：「鄭衛（御覽引作「重」）之音使人淫逸也。」今論語説、白虎通、許慎、鄭玄皆以鄭爲鄭國，古左傳説之所據，左傳昭元年傳「於是有煩手淫聲，慆堙心耳，乃忘平和，君子弗聽也。」公羊疏莊十七年云服虔「謂鄭重其手而音淫過，非鄭國之鄭也」。鄭此注從今論語説也。樂記又引子夏之言：「『鄭音好濫淫志，宋音燕女溺志，衛音趨數煩志，齊音敖辟喬志。』此四者，皆淫於色而害於德，是以祭祀弗用也。」鄭注云：「言四國皆出此溺音。」案：鄭君注此經，專引陽貨此文以補明其義者，以鄭聲淫，而雅樂正，故夫子之法，使君子移風易俗，必謹於樂，毋以淫聲亂正聲也。論語衛靈公孔子答顏淵問爲邦，則云：「行夏之時，乘殷之輅，服周之冕，樂則韶舞。放鄭聲，遠佞人。鄭聲淫，佞人殆。」蓋以鄭聲亦樂也，然不正而惑人，使人淫亂也。注云「上好禮，則民易使也」者，論語憲問文。皇疏云：「禮以敬爲主，君既好禮，則民莫敢不敬，故易使也。」案：如鄭此注，是以禮安上，乃能治民也。

禮者，敬而已矣。敬者，禮之本，又何加焉。（又，治要作「有」。）**故敬其父則子悦，**悦，（治要、明皇御注本同，釋文作「説」。）義可知也。**敬其兄則弟悦，敬其君則臣悦，敬一人而千萬人悦。**盡禮以事，故皆喜悦。**所敬者寡，而悦者衆，**所敬三人，（三人，治要作「一人」。）是其少。千萬説，（治要「千萬」下多「人」字。）是其衆。**此之謂要道。」**（白文寫本、鄭注本句末皆無「也」字。明皇御注本、釋文有「也」字。）孝弟以教之，禮樂以化之，則爲要道也。（則爲，治要作「此謂」。）

【疏】「禮者」至「要道」　「禮者，敬而已矣」者，承上「安上治民，莫善於禮」，此章名「廣要道」，開宗明義章「先王有至德要道」，鄭注以「要道」爲「禮樂」，即本於此也。鄭注云「敬者，禮之本，又何加焉」者，鄭注曲禮「毋不敬」云：「禮主於敬」。檀弓曾子曰：「晏子可謂知禮也已，恭敬之有焉。」鄭注云：「言禮者，敬而已矣。」論語八佾云：「居上不寬，爲禮不敬，臨喪不哀，吾何以觀之哉？」皇疏云：「禮以敬爲主。」禮記哀公問孔子云：「所以治禮，敬爲大。」孔疏云：「禮以敬爲主，故欲治禮者，則先須敬，故敬爲其大也。」是皆言禮主於敬也。尚書無逸疏引鄭注云：「恭在貌，敬在心。」鄭注儀禮少儀「賓客主恭，祭祀主敬」云：「恭在貌也，而敬又在心。」是在心有敬，發而有禮，故云敬爲禮之本也。禮本於天地、人情而作，而教孝弟之道，本於人情，人情莫近於父母，愛敬之情，出自天性，非由外鑠，故天子章云：「愛敬盡於事親」，鄭注云：「盡愛於母，盡敬於父。」愛敬本屬天然，順其自然而爲教，則人易從之。故聖治章云：「聖人因嚴以教敬，因親以教愛。」鄭注云：「因人尊嚴其父，教之爲敬。因親近其母，教之爲愛。順人情也。」是故「聖人之教不肅而成，其政不嚴而治」。然禮必本於敬，而不本於愛者，曲禮云：「夫禮者，所以定親疏，決嫌疑，别同異，明是非也。」樂記云：「樂者爲同，禮者爲異，同則相親，異則相敬。」愛則親暱無差，敬則嚴别，故禮必本於敬也。皮疏引曲禮疏云：「曲禮曰：『毋不敬』，則五禮皆須敬，故鄭云：『禮主於敬。』然五禮皆以拜爲敬禮，則祭極敬、主人拜尸之類，是吉禮須敬也。拜而後稽顙之類，是凶禮須敬也。主人拜迎賓之類，是賓禮須敬也。軍中之拜肅拜之類，是軍禮須敬也。冠昏飲酒，皆有賓主拜答之類，是嘉禮須敬也。」此是言「禮皆須敬」，非言「敬者禮之本」也。

注云「義可知也」者，天子章云：「愛親者，不敢惡於人。敬親者，不敢慢於人。」鄭注云：「愛其親者，不敢惡於他人之親。」又云：「己慢人之親，人亦慢己之親。」不敢惡、慢於他人之親，故其子悦，而不敢惡、慢己親也，故云「義可知也」。下敬人之兄、君，使人之弟、臣悦，亦同。

注云「盡禮以事，故皆喜悦」，經云「敬其父」、「敬其兄」、「敬其君」，敬爲禮之本，心有所敬，外見於禮，故鄭君云「盡禮以事」。此經與廣至德章「教以孝」、「教以悌」、「教以臣」密合無間，所述之事同，而一言要道，一言至德而已。皮疏云：「當即下章注云『父事三老，兄事五更，郊則君事天，廟則君事尸』之禮，蓋言天子敬人之父，敬人之兄，敬人之君，惟此等禮有之。至德、要道兩章義本相通也。」是也。故此章與下章，皆指天子言，非泛指也。

注云「所敬三人，是其少。千萬説，是其衆」者，所敬者父、兄、君，是少也。所悦者子、弟、臣，是衆也。

注云「孝弟以教之，禮樂以化之，則爲要道也」者，皮疏云：「鄭以要道屬禮樂，此章主廣要道，鄭必兼言孝弟者，以二章義相通，經言敬父、敬兄，仍是孝弟中事故也。」是也。

廣至德章第十三

【疏】邢疏云：「首章標至德之目，此章明廣至德之義，故以名章，次廣要道之後。」

子曰：「君子之教以孝，白文寫本、鄭注本皆如此，明皇御注本句末有「也」字。**非家至而日見之。**白文寫本、鄭注本皆如此，明皇御注本句末有「也」字。**非門到戶至而日見語之也，但行孝於內，流化於外也。**

【疏】「子曰」至「見之」　「君子」之義，白虎通號云：「或稱君子何？道德之稱也。君之爲言群也。子者，丈夫之通稱也。故孝經曰『君子之教以孝也』，下言『敬天下之爲人父者也』。何以言知其通稱也？以天子至於民。故詩云：『愷弟君子，民之父母。』論語云：『君子哉若人。』此謂弟子，弟子者，民也。」此經之「君子」，專指天子也。禮記鄉飲酒義云：「鄉飲酒之禮，六十者坐，五十者立侍，以聽政役，所以明尊長也。六十者三豆，七十者四豆，八十者五豆，九十者六豆，所以明養老也。民知尊長養老，而後乃能入孝弟。民入孝弟，出尊長養老，而後成教；成教而後國可安也。君子之所謂孝者，非家至而日見之也，合諸鄉射，教之鄉飲酒之禮，而孝弟之行立矣。」是言鄉飲酒之禮尊長、敬老，君子教孝弟，非家家必至、日日見之以陳説孝弟之美，而乃教以鄉飲酒之禮，則民行此禮，孝弟自立也。此用孝經「非家至而日見之」之文以説鄉飲酒禮也。「家」有二義，一指卿大夫，如孝治章「治家者不敢失於臣妾之心」疏所引，皆以爲「大夫稱家」。一泛指天下民家，此經是也。詩序「至於王道衰，禮義廢，政教失，國異政，家殊俗，而變風、變雅作矣。」孔疏云：「此家謂天下民家。孝經云『非家至而日見之也』，亦謂天下民家，非大夫稱家也。民隨君上之欲，故稱俗。若大夫之家，不得謂之俗也。」是也。

注云「非門到戶至而日見語之也，但行孝於內，流化於外也」者，鄭君以「家至」爲「門到戶至」，「日見」爲「日見語之」，其解甚精。邢疏云：「祭義所謂『孝悌發諸朝廷，行乎道路，至乎閭巷』，是流於外。」漢書匡衡傳衡上書云：「臣聞教化之流，非家至而人説之也。賢者在位，能者布職，朝廷崇禮，百僚敬讓。道德之行，由內及外，自近者始，然後民知所法，遷善日進而不自知。」匡衡易「日見」爲「人説」，正與鄭注云「日見語之」同。呂氏春秋先識覽高誘注云：「孝經『非家至而日見之也』，以德化耳。」亦同鄭注。

教以孝，所以敬天下之爲人父者。白文寫本、鄭注本皆如此，明皇御注本句末有「也」字。下「爲人兄者」、「爲人君者」同。天子無父，事三老，所以教天下之爲孝。治要作「天子父事三老，所以敬天下老也」。

教以悌，所以敬天下之爲人兄者。天子無兄，事五更，天子郊則君事天，廟則君事户，所以教天下臣。**教以臣，所以敬天下之爲人君者。**所以教天下弟也。治要作「天子兄事五更，所以教天下悌也」。此注寫本殘缺，據治要補。

【疏】注云「天子無父，事三老，所以教天下之爲孝」，「天子無兄，事五更，所以教天下弟也」者，鄭注以教之至大在天子，故舉天子而言也。「天子無父」、「天子無兄」者，鄭君以先王爲禹，孝治爲家天下之法，位既在天子，則無父、無兄可事。徵諸史實，父死子繼與兄終弟及之制，天子皆無父、無兄。徵諸經義，公羊隱元年傳言繼立之法云：「立適以長不以賢，立子以貴不以長。」何休注云：「適，謂適夫人之子，尊無與敵，故以齒。子，謂左右媵及姪娣之子，位有貴賤，又防其同時而生，故以貴也。禮，適夫人無子，立右媵。右媵無子，立左媵。左媵無子，立適姪娣。適姪娣無子，立右媵姪娣。右媵姪娣無子，立左媵姪娣。質家親親，先立娣。文家尊尊，先立姪。適子有孫而死，質家親親，先立弟，文家尊尊，先立孫。其雙生也，質家據見立先生，文家據本意立後生。皆所以防愛爭。」立適夫人之子，以長不以賢，則天子無父、無兄可知。立子以貴不以長，或有立媵姪娣之子貴且幼者，故天子有異母之兄。然春秋之義，不以家事辭王事，故雖有異母之兄，君臣之義大。且聖人制作，本爲常法，常法則立長，故鄭舉父事三老、兄事五更以教天下孝弟之禮，而云天子無父、無兄也。以無父、無兄之天子，欲教天下孝、悌，故設三老、五更以父事、兄事之，既是教孝、教悌，又是敬老、尊賢，惟孝能達至於此也。父事三老、兄事五更以教孝弟之禮，趙在翰輯七緯引孝經援神契云：「天子親臨辟雍，袒割，尊事三老，兄事五更。三者道成於三，五者訓於五品，言其能以善道改己也。三老五更，皆取有妻、男女完具者。尊三老者，父象也。謁者奉几，安車軟輪，供綏執授。事五更，寵以度，接禮交容，謙恭順貌。」白虎通鄉射云：「王者父事三老，兄事五更者何？欲陳孝弟之德以示天下也。故雖天子必有尊也，言有父也。必有先也，言有兄也。天子臨辟雍，親袒割牲，尊三老，父象也。謁者奉几杖，授安車輭輪，供綏執授，兄事五更，寵接禮交加，客謙敬順貌也。」此皆總論事三老、五更之禮，以教孝弟，而鄭注所本者也。禮記文王世子「遂設三老、五更、群老之席位焉」，鄭注云：「三老五更各一人也，皆年老更事致仕者也。天子以父兄養之，示天下之孝悌也。名以三五者，取象三辰五星，天所因以照明天下者。」公羊桓四年何休注云：「上敬老則民益孝，上尊齒則民益弟，是以王者以父事三老，兄事五更，食之於辟雝，天子親袒而割牲，執醬而饋，執爵而酳，冕而總干，率民之至也。」皆可與此經相證。經記言天子之大教者，祭義云：「祀乎明堂，所以教諸侯之孝也。食三老五更於大學，所以教諸侯之弟也。祀先賢於西學，所以教諸侯之德也。耕藉，所以教諸侯之養也。朝覲，所以教諸侯之臣也。五者天下之大教也。」樂記云：「散軍而郊射，左射貍首，右射騶虞，而貫革之射息也。裨冕搢笏，而虎賁之士說劍也。祀乎明堂，而民知孝。朝覲，然後諸侯知所以臣。耕藉，然後諸侯知所以敬。五者，天下之大教也。食三老、五更於大學，天子袒而割牲，執醬而饋，執爵而酳，冕而總干，所以教諸侯之弟也。」三老五更不在大教之中，孔疏總其意曰：「郊射一，裨冕二，祀乎明堂三，朝覲四，耕藉五。」樂記明言此是武王時事，與祭義不同。孝經父事三老以教孝，兄事五更以教弟，郊、廟事天、者。」注樂記云：「三老、五更，互言之耳，皆老人更知三德、五事者也。」孔疏謂三德即尚書洪範鄭君注文王世子、樂記本有不同。鄭注文王世子云：「名以三五者，取象三辰五星，天所因以照明天下已也。」應劭之説以三老爲知天地人，與白虎通、緯注同，而以五爲五世長子，非也。然三、五之説，於天、地、人，老者，久也，舊也。五者，訓於五品。更者，五世長子，更更相替，言其能以善道改更老，老人知天、地、人事者。」「五更，老人知五行更替之事者。」應劭漢官儀亦云：「三者，道成何？欲言其明於天地人之道而老也。五更者，欲言其明於五行之道而更事也。」宋均注援神契云：「三壽也。更者，長也，更相替至五也，能以善道改更己也。」三、五之説，白虎通云：「不但言老言三老、更者，老者，壽考也。欲言所令者多也。更者，更也，所更歷者衆也。」獨斷云：「老者，舊也，興弟」，老老，父事三老也。長長，兄事五更也。三老、五更之意，白虎通鄉射云：「不正言父兄，言説是也。凡經言天子教孝教弟，皆以父事三老、兄事五更解之，若大學「上老老而民興孝，上長長而民老也。此食三老而屬弟者，以上文祀文王於明堂爲孝，故以食三老五更爲弟，文有所對也。」劉、孔之老爲教孝，事五更爲教弟。」祭義孔疏亦云：「孝經云『雖天子必有父』也，注謂養老也。父，謂君覲，乃使諸侯朝己，非天子身有朝事，不得以朝爲教臣，故以祭爲教臣。既以事皇尸爲教臣，故以事三朝覲，然後諸侯知所以臣。』臣、孝之文已具於上，故於三老並云教弟。此經之意，言王者以己先人朝以爲明堂教孝，太學食三老五更，教弟。劉炫述議釋之曰：「樂記上文云：『祀乎明堂，而民知孝。親以教臣，此總六藝之道以言天子之大教，而與祭義、樂記不同也。事三老、五更之禮，祭義、樂記皆之「正直、剛、柔」，五德即洪範之「貌、言、視、聽、思」。觀鄭此注，本取白虎通、援神契爲說，故其言三老、五更，亦必從白虎通、援神契之說也。三老、五更之數，文王世子疏引蔡邕之說云：「蔡邕以爲更字爲叟，叟，老稱。又以三老爲三人，五更爲五人。」白虎通云：「三老、五更幾人乎？曰：各一人。曰：何以知之？既以父事，父一而已，不宜有三。」文王世子鄭注亦云：「三老五更各一人也，皆年老更事致仕者也。」續漢志注引盧植云：「老，三老，爲選三公老者爲三老，卿大夫者爲五更，亦參五之也。」劉炫述議言及鄭注者云：「養老之禮，希世間出。漢明帝永平二年，始尊事三老，兄事五更，以李躬爲三老，桓榮爲五更。是鄭玄以前已有以一人爲説者也。魏高貴鄉公甘露三年，帝入學，將崇先典，乃命王祥爲三老，鄭小同爲五更。吳、蜀、晉、宋皆無其事。後魏高祖孝文皇帝大和十七年，鄴城行養老之禮，以尉元爲三老，游明根爲五更，各用一人，從鄭説也。」父事三老、兄事五更之禮，孝經以其教孝、教弟，史實乃爲養老，蓋教孝教弟，則亦能養老也。祭義云：「虞、夏、殷、周，天下之盛王也，未有遺年者。年之貴乎天下久矣，次乎事親也。」惟孝經之孝，養老、事親，合而爲一也。唐明皇御注云：「舉孝悌以爲教，則天下之爲人子弟者，無不敬其父兄也。」皮疏曰：「明皇注於鄭引古禮以解經者，皆刊落之，專以空言解經，實爲宋、明以來作俑。邢疏依阿唐注，排斥古義，是其蔽也。」皮説是也。蓋三老、五更之官，略若隋唐之鄉正，唐世絶無父事、兄事之禮，明皇本爲時王，注經旨在勸孝，從經則不合時制，從時則悖於經義，時王注經，故悖經義而從時制也。

注云「天子郊則君事天，廟則君事尸，所以教天下臣」者，皮疏云：「御覽引中候運期篇曰：『帝堯刻璧，率群臣東沈於洛。書曰：「天子臣放勳，德薄，施行不元。」』鄭注：『元，善也』。白虎通號篇亦引中候曰：『天子臣放勳』。曲禮云：『君前臣名。』據中候言，堯告天稱臣、稱名，是天子君事天之證。然則郊天之禮，亦必自稱臣而君事天矣。祭統曰：『君迎牲而不迎尸，別嫌也。尸在廟門外，則疑於臣；在廟中，則全於君。君在廟門外，則疑於君；入廟門，則全於臣、全於子，是故不出者，明君臣之義也。』鄭注：『不迎尸者，欲全其尊也。尸，神象也。鬼神之尊在廟中，人君之尊出廟門則伸。』又云：『天子、諸侯之祭，朝事延尸於戶外，是以有北面事尸之禮。』案：天子無臣人之事，鄭引『事天』、『事尸』解之，最塙。」皮疏是也。郊言事天，不言事尸者，曲禮疏引異義云：「公羊說祭天無尸。左氏說晉祀夏郊，以董伯爲尸。虞夏傳云：『舜入唐郊，以丹朱爲尸。』是祭天有尸也。許慎引魯郊禮曰：『祝延帝尸。』從左氏之說也。」孔廣林云：「尸，神象也。天無象，何以尸爲？況丹朱之不肖耶？郊之有尸，配帝之尸耳。舜郊嚳，丹朱，嚳孫，益知丹朱爲帝嚳之尸，非天尸矣。」是鄭此注與公羊說同，以爲祭天無尸，故不言事尸也。教以臣之道，上引祭義云：「朝覲，所以教諸侯之臣也。」樂記亦云：「朝覲，然後諸侯知所以臣。」鄭君不引之注經者，以經云「教以臣」，是天子身行以教天下爲臣之道，而樂記、祭義所云，是諸侯於朝覲之禮中知爲臣之道也。

詩云：『愷悌君子，民之父母。』以上三者教於天下，真是民之父母。（治要作「真民之父母」。寫本「民」避唐諱作「人」，今據治要改。）

非至德，其孰能順民如此其大者乎？」至德之君子，（治要「君」下無「子」字。）能行此三者，教於天下。治要句末多「也」字。非至德，則不能如此。

【疏】云「詩云」至「者乎」者，引詩出詩經大雅泂酌。鄭箋云：「樂以強教之，易以説安之。民皆有父之尊，母之親。」孔子閒居子夏曰：「敢問詩云：『凱弟君子，民之父母。』何如斯可謂民之父母矣？」鄭注云：「凱，弟，樂、易也。」

注云「以上三者教於天下，真是民之父母」者，即上教以孝、弟、臣也。

注云「至德之君子，能行此三者，教於天下，非至德，則不能如此」者，表記引孔子之言云：「君子之所謂仁者，其難乎？詩云：『凱弟君子，民之父母。』凱以強教之，弟以説安之。樂而毋荒，有禮而親，威莊而安，孝慈而敬，使民有父之尊，有母之親。如此而後可以爲民父母矣。非至德其孰能如此乎？」鄭注云：「有父之尊，有母之親，謂其尊親己如父母。」邢疏云：「皇侃以爲並結要道、至德兩章，或失經旨也。劉炫以爲詩美民之父母，證君之行教，未證至德之大，故於詩下别起歎辭，所以異於餘章，頗近之矣。」劉炫之説是也。

廣揚名章第十四

【疏】邢疏云：「首章略言揚名之義而未審，而於此廣之，故以名章，次廣至德之後。」

子曰：「君子之事親孝故忠，可移於君。欲求忠臣，必出孝子之門，故言可移於君。治要無「必」、「言」二字。事兄悌故順，可移於長。以敬事長則順，長，治要作「兄」。故可移於長。居家理治，明皇御注「理」下有「故」字，白文寫本、鄭注本皆無「故」字，邢疏云：「先儒以爲『居家理』下闕一『故』字，御注加之。」乃知「故」字爲唐明皇所加也。釋文云：「居家理故治」，下云「讀居家理故治絶句」。皮錫瑞孝經鄭注疏云：「古本無此『故』字，釋文本亦無之，當作『居家理治』，陸氏見此句少一『故』字，與上二句文法有異，恐人讀此有誤，故特發明句讀。」「明皇見此句少一『故』字，乃以意增足之，與經旨、鄭意皆不相符。後人又因明皇之注，於釋文讀『居家理治絶句』，亦加一『故』字，其齟齬不合之處尚可考見，鄭意亦可推而得矣。」皮說是也。徵諸唐以前典籍，周易集解：「『初九，閑有家，悔亡。象曰：閑有家，志未變也。』荀爽曰：『居家理治，可移於官，守之以正，故「悔亡」。』」梁書徐勉傳引孔子曰：「居家理治，可移於官。」隋書李諤傳：「且居家理治，可移於官，既不正私，何能贊務？」皆無「故」字。劉炫孝經述議釋此句云：「居在其家，能使家事理治，其治可移之於在官也。」孝經述議序亦云：「乃使室家理治，長幼順序」，是古文孝經亦無「故」字，明皇臆增此字也。可移於官。君子所居則化，所在則治，治，寫本避唐諱作「理」，據治要改。故可移於官。治要句末多「也」字。是以行成於內，而名立於後世矣。」孝於親者，可移於君，弟於兄者，可移於長，治於家者，可移於官。三德並備於內，而名立於後世矣。若聖人制法於古，後人奉行之也。明皇御注引鄭注云：「修上三德於內，名自傳於後代。」蓋意引也。

【疏】「子曰」至「世矣」　「君子」者，道德之稱，非專指天子、諸侯之等也。蓋廣至德、廣要道二章，非以天子至尊，不能行至德、要道之極，故二章所述，鄭注以爲皆天子之事。然立身揚名，不必至尊，故此「君子」爲德稱也。

注云「欲求忠臣，必出孝子之門，故言可移於君」者，後漢書韋彪傳彪上書云：「孔子曰：『事親孝故忠，可移於君』，是以求忠臣必於孝子之門。」注曰：「孝經緯之文也。」是鄭據孝經緯注此經也。唐明皇御注於下「居家理治可移於官」句加一「故」字，讀如「居家理，故治可移於官」，則此經於「君子之事親孝」絶句。然依鄭注，則經既爲「居家理治可移於官」，當以「居家理治」絶句，則此必以「君子之事親孝故忠」絶句。「欲求忠臣，必出孝子之門」，釋「事親孝故忠」，「故言可移於君」，釋「可移於君」也。鄭注以「欲求忠臣，必出孝子之門」釋「事親孝故忠」，其義至精。蓋父子天性，人之初生，知父不知君，子親生之父母膝下，養其父母日嚴，故能知愛敬其父母。當此愛敬父母之時，其能爲忠臣已可知矣。蓋出仕爲政之後，遂有君長，孝子移其事父之敬以事君，則自然而爲忠。是故欲求忠臣，必出孝子之門也。

注云「以敬事長則順，故可移於長」者，鄭注用士章「以敬事長則順」注此經也，言君子事兄悌，則能養成順之性，出仕事長，故能順也。

注云「君子所居則化，所在則治，故可移於官」者，「所居則化，所在則治」，釋「理治」也。此經云「居家理治」，以實事言可包上事親孝、事兄悌之事也，以文意言，則居家與事親、事兄並立也。論語爲政載孔子曰：「書云：『孝乎惟孝，友於兄弟。』施於有政，是亦爲政，奚其爲爲政？」皇疏云：「行孝友有政道，即與爲政同。」又云：「言人子在閨門，當極孝於父母而極友於兄弟，若行此二事有政，即亦是爲政也。」是在家孝友，可以爲政也。大戴禮曾子立事云：「事父可以事君，事兄可以事師長，使子猶使臣也，使弟猶使承嗣也。能取朋友者，亦能取所予從政者矣。賜與其宮室，亦由慶賞於國也。忿怒其臣妾，亦猶用刑罰於萬民也。」大學云：「君子不出家而成教於國。孝者，所以事君也。弟者，所以事長也。慈者，所以使衆也。」此皆言家道有國政之義也。

注云「孝於親者，可移於君，弟於兄者，可移於長，治於家者，可移於官」者，大戴禮曾子立孝云：「是故未有君而忠臣可知者，孝子之謂也；未有長而順下可知者，弟弟之謂也；未有治而能仕可知者，先脩之謂也。」此三者，皆自内而外，以孝爲本也。

注云「三德並備於内，而名立於後世矣」者，開宗明義章云「立身行道，揚名於後世，以顯父母，孝之終也」，立身行道，不止於愛敬其親，道行一家，且在於出仕爲政，道行天下，故必以孝弟爲本，又必能移於君、移於長、移於官，方能揚名於後世也。敦煌本義疏云：「内，謂平生百年之内。後，謂百年之後，萬歲之外。」是也。

注云「若聖人制法於古，後人奉行之也」者，敦煌本義疏云：「如周孔制法，而至今人猶傳行之，即揚名後世也。」

諫諍章第十五

寫本本章「諍」或作「爭」，諍、爭，古今字，今據鄭注寫本作「諍」，下同。

【疏】邢疏云：「此章言爲臣子之道，若遇君父有失，皆諫爭也。曾子問聞揚名已上之義，而問子從父之令。夫子以令有善惡，不可盡從，乃爲述諫爭之事，故以名章，次揚名之後。」白虎通諫諍云：「諫者何？諫者，閒也，更也，是非相閒，革更其行也。」諫諍之義，開宗明義章邢疏云：「皇侃以開宗及紀孝行、喪親等三章通於貴賤。今案諫爭章大夫已上皆有爭臣，而士有爭友，父有爭子，亦該貴賤。則通於貴賤者有四焉。」案邢疏非也，通於貴賤者，自天子至於庶人，其理無二，其義無別者也，諫諍之義，天子、諸侯、卿大夫、士、庶人皆不同，不可謂通於貴賤也。

曾子曰：「若夫慈愛、恭敬、安親、揚名，則聞命矣，敢問子從父之令，可謂孝乎？」曾子專心於孝，以爲臣、子當委曲君、父之令，故問之也。**子曰：「是何言與，是何言與。**孔子欲見諫諍之端，以開曾子心，故發此言也。

【疏】「曾子」至「言與」 曾子所聞者，若上各章所陳，則惟言愛、敬，未有慈、恭，敦煌本義疏云：「若夫者，揔束下所聞之事也。慈者，接下之别名。愛者，奉上之通稱。恭者，是和順之跡。敬者，是兼備之形。」邢疏云：「或曰：『慈者接下之别名，愛者奉上之通稱。』」并引劉炫駁之，劉炫述議云：「曲禮曰『不勝喪，比於不慈不孝』，内則説子事父母，云『慈以旨甘』，喪服四制云高宗『即位，而慈良於喪』，莊子云『事親則孝慈』，此等諸文，慈皆發於父母。則『慈愛』亦施上，非獨以接下也。尚書曰『接下思恭』，禮記曰『三代明王，敬妻子也有道』，中庸稱『凡爲天下國家有九經，其一曰敬大臣也』，則『恭敬』亦施於下，非獨以事上也。」又云：「愛出於内，慈爲愛體，敬生於心，恭爲敬貌。鄭玄所謂恭在貌，而敬在心。恭、敬是心貌之殊，慈、愛亦内外之異耳。於親則愛而兼敬，故原心而以愛爲名。於子則愛多敬少，故據體而以慈爲稱。愛既可施於親，慈非專施於子矣。夫子據心爲言，唯單稱愛、敬，曾子體貌俱述，故并舉慈、恭。『慈愛』即『愛親』是也，『恭敬』即『敬親』是也。『生則親安之』，是『安親』也。『揚名於後世』，是『揚名』也。皆是夫子已説，故云『參聞命矣』。」劉説是也。

注云「曾子專心於孝，以爲臣、子當委曲君、父之令，故問之也」者，「曾子專心於孝」，即上「慈愛、恭敬、安親、揚名」也。

注云「孔子欲見諫諍之端，以開曾子心，故發此言也」者，孔子非嚴斥曾子，特發此言以接下也。

昔者天子有諍臣七人，雖無道，不失其天下。七人，謂三公、左輔、右弼、前疑、後丞，維持王者，使不危殆。後漢書劉瑜傳注引鄭玄注云：「七人，謂三公及前疑、後承、左輔、右弼。」治要云：「七人者，謂太師、太保、太傅、左輔、右弼、前後疑丞，維持王者，使不危殆。」不陷於不義，故能長久不失其天下也。

【疏】「昔者」至「天下」　昔者，邢疏引皇侃云：「夫子述孝經之時，當周亂衰之代，無此諫爭之臣，故言昔者也。」天子，邢疏云：「不言『先王』而言『天子』者，諸稱先王，皆指聖德之主。此言『無道』，所以不稱先王也。」韓詩外傳云：「『天子有爭臣七人，雖無道，不失其天下。』昔殷王紂殘賊百姓，絶逆天道，至斮朝涉，刳孕婦，脯鬼侯，醢梅伯。然所以不亡者，以其有箕子、比干之故。微子去之，箕子執囚爲奴，比干諫而死，然後周加兵而誅絶之。」案：曾子問從父之令可謂孝乎，夫子之答自天子始，蓋夫子爲後世立法，以三王以來家天下之世，法之大本在孝，故凡言孝，皆非在父子之間，而在家國天下也。

注云「七人，謂三公、左輔、右弼、前疑、後丞，維持王者，使不歷危殆。不陷於不義，故能長久不失其天下也」者，白虎通諫諍云：「天子置左輔、右弼、前疑、後承，以順。左輔主脩政，刺不法。右弼主糾，糺周言失傾。前疑主糺度定德經。後承主匡正常，考變失，四弼興道，率主行仁。夫陽變於七，以三成，故建三公，序四諍，列七人。雖無道不失天下，杖群賢也。」邢疏云：「案孔、鄭二注及先儒所傳，並引禮記文王世子以解七人之義。案文王世子記曰：『虞、夏、商、周，有師保，有疑丞。設四輔及三公，不必備，惟其人。』」又尚書大傳曰：『古者天子必有四鄰，前曰疑、後曰丞、左曰輔、右曰弼。天子有問無對，責之疑。可志而不志，責之丞。可正而不正，責之輔。可揚而不揚，責之弼。其爵視卿，其禄視次國之君。』」大傳四鄰則見之四輔，兼三公，以充七人之數。」邢疏本剿襲劉炫述議也，述議亦云此説「先儒盡然」，古義「七人」，皆如此也。鄭注惟言「三公」，治要録以太師、太保、太傅。五經異義云：「今尚書夏侯、歐陽説：天子三公，一曰司徒，二曰司馬，三曰司空。」又云：「古周禮説：天子立三公，曰太師、太傅、太保，無官屬，與王同職，故曰坐而論道，謂之三公。」許慎案：「周公爲傅，召公爲保，太公爲師，無爲司徒、司空文，知師、保、傅三公官名也。五帝三王不同物，此周之制也。」許慎此説以經文異義爲帝王異制，開鄭君之先河。邢疏云：「孔、鄭二注及先儒所傳，並引禮記文王世子以解七人之義。」依文王世子，三公爲太師、太保、太傅，故治要據之録此三公之官。然鄭注孝經，本從今文，故此注惟依文王世子言「三公」，治要列此三官之名，非鄭意也。

諸侯有諍臣五人，雖無道，不失其國。大夫有諍臣三人，雖無道，不失其家。尊卑轉少，未聞其官。治要作「尊卑輔善，未聞其官」。官，寫本作「當」，據治要改。**士有諍友，則身不離於令名。**令，善也。士卑無臣，故以友諍之。治要作「故以賢友助己」。**父有諍子，則身不陷於不義。**君臣有諫諍之義，嫌父子至親，不當諫諍。若父有不義，子當諫之。明皇注引鄭注云：「父失則諫，故免陷於不義。」蓋意引也。

【疏】「諸侯」至「不義」 「不失其國」，即諸侯章「保其社稷而和其民人」也。「不失其家」，即卿大夫章「守其宗廟」也。韓詩外傳云：「『諸侯有爭臣五人，雖無道，不失其國。』吳王夫差爲無道，至驅一市之民以葬闔閭，然所以不亡者，有伍子胥之故也。胥以死，越王勾踐欲伐之，范蠡諫曰：『子胥之計策尚未忘於吳王之腹心也。』子胥死後三年，越乃能攻之。」又云：「『大夫有爭臣三人，雖無道，不失其家。』季氏爲無道，僭天子，舞八佾，旅泰山，以雍徹。孔子曰：『是可忍也，孰不可忍也？』然不亡者，以冉有、季路爲宰臣也。」荀子子道載：「魯哀公問於孔子曰：『子從父命，孝乎？臣從君命，貞乎？』三問，孔子不對。孔子趨出以語子貢曰：『鄉者，君問丘也，曰「子從父命，孝乎？臣從君命，貞乎？」三問而丘不對，賜以爲何如？』子貢曰：『子從父命，孝矣。臣從君命，貞矣，夫子有奚對焉？』孔子曰：『小人哉，賜不識也。昔萬乘之國，有爭臣四人，則封疆不削。千乘之國，有爭臣三人，則社稷不危。百乘之家，有爭臣二人，則宗廟不毀。父有爭子，不行無禮；士有爭友，不爲不義。故子從父，奚子孝？臣從君，奚臣貞？審其所以從之之謂孝，之謂貞也。』」荀子所言爭臣之數，與孝經略異，然其理通。白虎通三綱六紀云：「父子者，何謂也？父者，矩也，以法度教子也。子者，孳也，孳孳無已也。故孝經曰：『父有爭子，則身不陷於不義。』」

注云「尊卑轉少，未聞其官」者，邢疏引孔傳、王肅解五人、三人之數云：「諸侯五者，孔傳指天子所命之孤，及三卿與上大夫。王肅指三卿、內史、外史以充五人之數。大夫三者，孔傳指家相、室老、側室以充三人之數。王肅無側室，而謂邑宰。」邢疏皆剿襲劉炫述議也。案：僞孔、王肅之說，於經傳無實據。鄭君知爲知，不知爲不知，故云「未聞其官」，審慎之至也。蓋鄭君以天子諫諍之官專設，禮記備有明文，故可引而注此經。而諸侯、卿大夫專設之爭臣，經傳無聞，故寧缺毋意。白虎通諫諍引此經，自「天子有諍臣七人」至「則身不陷於不義」，然亦止列天子七人之官，不列諸侯以下，與鄭注同。自劉炫作述議，以七、五、三爲禮降殺之數，非實置此官，劉炫云：「下云『子不可以不爭於父，臣不可以不爭於君』，則爲臣、爲子皆當尚諫爭，豈獨大臣當諫，小臣否乎？豈獨長子當諫，庶子否乎？若父有十子，皆得諫爭，王有百辟，唯許七人，是天子之佐乃更少於匹夫，何不然之甚也。又臣之佐君，在四方輔助。洛誥稱成王謂周公曰『亂爲四輔』，冏命稱穆王命伯冏曰『唯予一人無良，實賴左右前後有位之士匡其不及』，『左右前後』即四輔之謂。疑、丞、輔、弼當總指諸臣，非爲立此官也。何則？設官分職，備在周禮，大小畢載，不列疑、丞。周官歷敘群司，顧命總召卿士，左傳之『龍師』、『鳥紀』，曲禮之『五官』、『六大』，未有一言云疑、丞、輔、弼爲專掌職者。若使爵視於六卿，禄比次國，周禮何以不載，經傳何以無文？且伏生之傳，解益稷之『欽四鄰』也。孔以四鄰爲『前後左右之臣』，而不爲疑、丞、輔、弼，於此安得又采其説以爲四也？左傳稱『周辛甲之爲太史也，命百官官箴王闕』，師曠説匡諫之事云：『史爲書，瞽爲詩，工誦箴諫，大夫規誨，士傳言，庶人謗，商旅於市，百工獻藝。故夏書曰，「遒人以木鐸徇於路」，官師相規，工執藝事以諫。正月孟春，於是乎有之，諫失常也。』如是則凡在臣民，莫不合諫。夫子欲見扶危定傾，規諫爲重，天下之廣，七人即足，見諫功之大，故少舉其人，豈言唯有此員職當諫也？以其位高者易怠，務廣者難周，貴者諫宜多，賤者諫宜少。父有爭子，士有爭友，子、友雖無定數，要以一人爲主。即自下而上，稍增以二，從上而下，則如禮之降殺，故舉七、五、三耳。非立七、五、三官，使主諫爭。」唐明皇御注從劉氏之義，謂七、五、三之數云：「降殺以兩，尊卑之差。爭謂諫也。言雖無道，爲有爭臣，則終不至失天下、亡家國也。」邢疏採摭劉説並云：「劉炫之讜義雜合通途，何者？傳載：忠言比於藥石，逆耳苦口，隨要而施。若指不備之員以匡無道之主，欲求不失，其可得乎？先儒所論，今不取也。」劉炫注孝經，多言「先儒盡然」，而後博采衆書以駁斥古義，其説多一己之臆。皮錫瑞駁之云：「鄭云『未聞其官』，則孔、王之説皆所不用。蓋天子三公四輔明見經傳，諸侯、大夫無文可知，鄭君不以意説，足見矜慎。若劉炫並不信四輔之説，又不考經傳，專據僞古文尚書、僞孔傳之文，苟異先儒，大可嗤笑。夫論人臣進言之義，人人皆當諫爭，而論人君設官之義，諫爭必有專責。後世廷臣皆可進諫，又必專設諫官，即是此意。七人爲三公四輔，舉其重者而言，豈謂天子之朝惟此七人可以進諫，其餘皆同立仗馬乎？劉氏不知此義，乃以人數多少屑屑計較，謂不獨長子當爭其父，父有十子，是天子之佐少於匹夫，又謂父有爭子，雖無定數，要一人爲率，前後矛盾，甚不可通。且如其言，則不但先儒注解爲非，即夫子所言已屬不當矣。凡妄詆古注，其弊必至疑經。邢氏稱爲『讜義』，殊爲無識。」明皇從劉氏者，以明皇之世，天子無專諫七人，從經則不合時制，從時則違於經義，明皇既爲時王，故不得不悖經義而合時制也。又，經傳既有諫諍之官，又有皆諫之義，表記孔疏雜合經史云：「凡諫者，若常諫之時，天子諍臣七人，諸侯五人，大夫三人。唯大臣得諫，若歲初則貴賤皆得諫也，故襄十四年左傳師曠對晉侯云：『自王以下，各有父兄子弟，以補察其政。史爲書，瞽爲詩，工誦箴諫，大夫規誨，士傳言，庶人謗，商旅於市，百工獻藝。』國語又云：『天下聽政公卿，至於列士獻詩，瞽獻典，史獻書，師箴，瞍賦，矇誦，百工諫，庶人傳語，近臣盡規。』此皆孟春之月，上下皆諫，故傳引夏書曰每歲孟春，『遒人以木鐸徇於路』是也。」孔疏此説，不知經是孔子制法，史是前代陳跡，合之兩傷，分之兩美也。

注云「令，善也。士卑無臣，故以友諍之」者，皮疏引鄭注儀禮喪服云：「士卑無臣」。賈疏云：「孝經以諸侯、天子、大夫皆云爭臣，士有爭友，是士無臣也。」又引鄭注周禮司裘云：「士不大射，士無臣，祭無所擇。」疏引孝經云：「天子、諸侯、大夫皆言爭臣，士則言爭友，是無臣也。」朋友相諫諍之法，論語顏淵子貢問友，子曰：「忠告而善道之，不可則止，毋自辱焉。」鄭注云：「朋友，義合之輕者也。凡義合者有絶道。忠言以告之，不從則止也。」皇疏云：「朋友主切磋。若見有不善，當盡己忠心告語之。又以善事更相誘導也。」此即以友諍之之意也。

注云「君臣有諫諍之義，嫌父子至親，不當諫諍。若父有不義，子當諫之」者，君，謂上所云天子、諸侯、大夫，即鄭注儀禮喪服傳所云「天子、諸侯及卿大夫有地者皆曰君」是也。臣，謂爭臣七人、五人、三人。白虎通諫諍云：「臣所以有諫君之義何？盡忠納誠也。」説苑正諫云：「諫其君者非爲身也，將欲以匡君之過，矯君之失也。君有過失者，危亡之萌也；見君之過失而不諫，是輕君之危亡也。夫輕君之危亡者，忠臣不忍爲也。」「嫌父子至親，不當諫諍」者，言君臣義合，故臣當諫君，而父子天性，疑不當諫諍，孟子離婁上云：「古者易子而教之，父子之閒不責善，責善則離，離則不祥莫大焉。」趙岐云：「易子而教，不欲自責以善也。父子主恩，離則不祥莫大焉。」蓋以父子至親，故須易子而教，至於諫諍，則與責善不同也。

故當不義，則子不可以不諍於父，臣不可以不諍於君。故當不義則爭之，君、父有不義之事，臣、子當諫諍之。（嚴輯本引臣軌鄭玄曰：「君、父有不義，臣、子不諫諍，則亡國破家之道也。」蓋意引也。）**從父之令，又焉得爲孝乎。」**委曲從父之令，善亦爲善，惡亦爲惡，又焉得爲忠臣孝子乎。（治要作「委曲從父母，善亦從善，惡亦從惡，而心有隱，豈得爲孝乎。」臣軌匡諫章引鄭玄云：「委曲從君父之令，善只爲善，惡只爲惡，又焉得爲忠臣孝子乎？」）

【疏】注云「君、父有不義之事，臣、子當諫諍之」者，子當諫父之義及諫父之法，論語里仁子曰：「事父母幾諫。見志不從，又敬不違，勞而不怨。」禮記內則云：「父母有過，下氣怡色，柔聲以諫。諫若不入，起敬起孝，説則復諫。」坊記子云：「從命不忿，微諫不倦，勞而不怨，可謂孝矣。」曲禮云：「子之事親也，三諫而不聽，則號泣而隨之。」皮疏引大戴禮諸文云：「曾子本孝篇曰：『君子之孝也，以正致諫。』又曰：『故孝子之於親也，生則以義輔之。』立孝篇曰：『微諫不倦，聽從不怠，懽欣忠信，咎故不生，可謂孝矣。』大孝篇曰：『君子之所謂孝者，先意承志，諭父母以道。』又曰：『父母有過，諫而不逆。』事父母篇曰：『父母之行若中道，則從。若不中道，則諫。從而不諫，非孝也。諫而不從，亦非孝也。』此曾子用孝經之義言爭子之道也。」案孝經泛言當諫之義，傳記復言云：『臣之事君，三諫不從，則逃之。』以就經記，並是極犯時也。而檀弓所言，欲顯真假本異，故其孝經曰：『父有爭子』，『君有爭臣』。又内則云：『子之事親也，三諫不從，則號泣而隨之。』又不顯諫』，鄭玄曰：『合幾微諫也。』是知並宜微諫也。又若君親爲過大甚，則亦不得不極於犯顏，故舊通云：君親並諫，同見孝經，微進善言，俱陳記傳。故此云『事父母幾諫』，而曲禮云『爲人臣之禮有隱無犯』，『事君有犯無隱』，則是隱親之失，不諫親之過。又諫君之失，不隱君之過。並爲可疑。諫』，是尋常之諫也。」論語「事父母幾諫」皇疏云：「今就經記，參差有出沒難解。案檀弓云『事親過，故無犯。若有大惡，亦當犯顏，故孝經云『父有爭子，則身不陷於不義』是也。論語曰『事父母幾言事親、事君之别，然「當爭於父」與「無犯」，似相矛盾，遂致爭訟，檀弓孔疏云：「據親有尋常之左右就養有方，服勤至死，方喪三年。」鄭注云：「隱，謂不稱揚其過失也。無犯，不犯顏而諫。」此此經相發。案：檀弓云：「事親有隱而無犯，左右就養無方，服勤至死，致喪三年。事君有犯而無隱，曲禮：「爲人臣之禮，不顯諫。三諫而不聽，則逃之。」鄭注云：「君臣有義則合，無義則離。」皆與子曰：「勿欺也，而犯之。」皇疏云：「答事君當先盡忠而不欺也，君若有過，則必犯顏而諫之也。」疏云：「以道事君，謂君有惡名必諫也。不可則止，謂三諫不從則越境而去者也。」憲問子路問事君，差，不可不辨者也。臣當諫君及諫君之法，論語先進子曰：「所謂大臣者，以道事君，不可則止。」皇父有不義，子之事親必當曲盡其心，諫親必曲盡其事，故傳記所述，乃曲盡其心之事也。此經、記之諫父之法。蓋以孝經會通六藝，旨在發明當諫之理，此理既明，毋庸他説。而以人情言，則父子至親，旨不同耳。何者？父子真屬，天性莫二，豈父有罪，子向他説也？故孔子曰：『子爲父隱，父爲子隱，直在其中。』故云有隱也。而君臣既義合，有殊天然，若言君之過於政有益，則不得不言，如齊晏嬰與晉叔向，共言齊、晉二君之過是也。唯值有益乃言之，亦不恒爲口實。若言之無益，則隱也，如孔子答陳司敗曰『昭公知禮』是也。假使與他言父過有益，亦不得言。」禮記孔疏以皇疏爲本，此可見也。二疏皆分孝經「父有爭子」爲大惡犯顔之諫，檀弓「有隱無犯」爲尋常幾微之諫。此皇氏不知經、傳之别之過也。蓋孝經所云子當父不義，不可不爭，是言子得諫諍之理，論語、檀弓所云，是言子有諫諍之事。若以理言，君父不義，臣子必爭。而以事言，則父子天性，君臣義合，子爭於父，與臣之爭於君者不同。臣之爭於君，可以犯之，三諫不從，可以逃之，君之過見於天下，臣不必爲之隱。子之爭於父，如論語之「幾諫」，内則之「柔聲以諫」、「悦則復諫」，坊記之「微諫不倦」，曲禮之「三諫」，既諫之後，若父志不從，復「勞而不怨」，「號泣而隨」。父之過非關天下之事，故子爲之隱。鄭注檀弓「事親有隱而無犯」，云：「無犯，不犯顔而諫。」其言「諫」，已合於孝經「子不可不爭於父」，其言「不犯顔」，則合於論語「幾諫」之類，本自無矛盾之處也。皇氏義疏之學，雜合經傳，見孝經與論語、檀弓、内則所記互有參差，故調停其説，强分大惡小惡，不知孝經所云，惟泛言其理，以會通六藝之道，使孔子爲後王所立之法，臣、子皆有諫諍之義。而論語、檀弓諸文，已見諫諍之理，又言諫諍之法，故能曲盡其事也。諫諍之法，白虎通諫諍云：「人懷五常，故知諫有五。其一曰諷諫，二曰順諫，三曰闚諫，四曰指諫，五曰陷諫。諷諫者，智也，知患禍之萌，深睹其事，未彰而諷告焉，此智之性也。順諫者，仁也，出詞遜順，不逆君心，此仁之性也。闚諫者，禮也，視君顏色不悦，且郤，悦則復前，以禮進退，此禮之性也。指諫者，信也。指者，質也，質相其事而諫，此信之性也。陷諫者，義也，惻隱發於中，直言國之害，勵志忘生，爲君不避喪身，此義之性也。孔子曰：『諫有五，吾從諷之諫。』」説苑正諫云：「諫有五，一曰正諫，二曰降諫，三曰忠諫，四曰戇諫，五曰諷諫。孔子曰：『吾其從諷諫乎。』」公羊莊二十四年何休注云：「諫有五。一曰諷諫，孔子曰『家不藏甲，邑無百雉之城』，季氏自墮之，是也。二曰順諫，曹羈是也。三曰直諫，子家駒是也。四曰爭諫，子反請歸是也。五曰贛諫，百里子、蹇叔子是也。」

注云「委曲從父之令，善亦爲善，惡亦爲惡，又焉得爲忠臣孝子乎」者，大戴禮曾子事父母曰：「從而不諫，非孝也。」盧注云：「同父母之非，不匡諫」，正「從父之令，又焉得爲孝乎」之義也。内則云：「父母有過，下氣怡色，柔聲以諫。諫若不入，起敬起孝，説則復諫。不説，與其得罪於鄉黨州閭，寧孰諫。」鄭注云：「子從父之令，不可謂孝也。」檀弓：「陳乾昔寢疾，屬其兄弟而命其子尊已曰：『如我死，則必大爲我棺，使吾二婢子夾我。』陳乾昔死，其子曰：『以殉葬，非禮也，况又同棺乎？』弗果殺。」鄭注云：「善尊已不陷父於不義。」是尊已不從父之命，不陷父於不義也。

感應章第十六

【疏】邢疏云：「此章言『天地明察，神明彰矣』，又云『孝悌之至，通於神明』，皆是應感之事也。前章論諫爭之事，言人主若從諫爭之善，必能脩身慎行，致應感之福。故以名章，次於諫爭之後。」

子曰：「昔者明王事父孝，故事天明。盡孝於父者，故事天明。（治要無「者」，「故」作「則」。）**事母孝，故事地察。**盡孝於母者，能察地之高下，視其分理。（治要作「盡孝於母，能事地，察其高下，視其分察也。」釋文作「視其分理也」。）**長幼順，故上下治。**卑順於尊，幼順於長，故上下治。（治要「順」皆作「事」。）**天地明察，神明彰矣。**事天能明，事地能察，德合天地，可謂彰矣。（可謂，治要作「謂之」。矣，治要作「也」。）

【疏】「昔者」至「彰矣」　本經云「昔者」有四，一者孝治章「昔者明王之以孝治天下也」，二者聖治章「昔者周公郊祀后稷以配天」，三者諫諍章「昔者天子有爭臣七人」，四見於此，「昔」皆作「古」之意，與「今」相對，既言今所無，又爲孔子言古之法，以述其制也。經云「明王」有三，孝治章云「昔者明王之以孝治天下也」，又云「故明王之以孝治天下也如此」，本章其三也。明王爲「昔者」，蓋以明王爲古聖明之王也。言「明王」不言「聖人」者，聖人以立法言，明王以其明言，明者，非改制立法，而能明義循行也。

注云「盡孝於父者，故事天明」者，庶人章「用天之道」，鄭注云：「春生，夏長，秋收，冬藏，順四時以舉，言天之道也。」三才章「則天之明」，鄭注云：「視天之四時，無失其早晚。」此即「事天明」之義也。禮記哀公問云：「是故仁人之事親也如事天，事天如事親。」鄭注云：「事親、事天，孝、敬同也。」孝經曰：『事父孝，故事天明。』」孔疏云：「『是故仁人之事親也如事天』者，言仁人事親以敬，如以事天相似，言敬親與敬天同。『事天如事親』者，言仁人事天以孝愛，如人事親孝愛相似，言愛親與愛天同。」董仲舒春秋繁露堯舜不擅移、湯武不專殺云：「孝經之語曰：『事父孝，故事天明。』事天與父，同禮也。」其說與鄭注同。

注云「盡孝於母者，能察地之高下，視其分理」者，庶人章「分地之利」，鄭注云：「分別五土，視其高下，若高田宜黍稷，下田宜稻麥。丘陵坂險，宜種棗栗。此分地之利。」三才章「因地之利」，鄭注云：「因地高下，所宜何等□種之。」此即「事地察」之義也。案三才章所云：「夫孝，天之經也，地之義也，民之行也。天地之經，而民是則之。則天之明，因地之利，以順天下。」正與此章相發，言孝爲至順之道，人心所固有，明王以此事父至順之道事天，故能順四時，生長收藏，則陰陽調和。以此事母至順之道事地，故能順山川高下，則發育萬物。皮疏云：「邢疏引易說卦云：『「乾爲天爲父」，是事父之道通於天。「坤爲地爲母」，是事母之道通於地。』又引白虎通云：『王者父天母地』，説皆有據，而與鄭君之義未合。明皇注以『敬事宗廟』爲説，更非經旨。經於下文乃言宗廟，此事父母，當指生者而言，不必是事死者也。」皮説是也。

注云「卑順於尊，幼順於長，故上下治。事天能明，事地能察，德合天地，可謂彰矣」者，皮疏云：「云『卑事於尊，幼事於長』者，以經但言『長幼順』，未言幼事長之義，故以此文補明經旨。經言長幼者，爲下『言有兄也』及『孝悌之至』，兼言悌而言也。云『德合天地，可謂彰矣』者，易曰：『夫大人者，與天地合其德。』中庸曰：『辟如天地之無不持載，無不覆幬。』此『德合天地』之義。鄭言『德合天地』，則神明彰。漢書郊祀志曰：『明王聖主，事天明，事地察。天地明察，神明章矣。』天地以王者爲主，故聖王制祭天地之禮必於國郊。』亦以『神明彰』承事天、事地言之，與鄭義合，不必如明皇注云『感至誠，降福佑』，乃足爲彰也。」

故雖天子，必有尊也，言有父也。雖貴爲天子，必有所尊事之若父，即三老是。嚴輯本前有「謂養老也」，治要「若父」後有「者」字，「即三老是」作「三老是也」。**必有先也，言有兄也。**必有所先事之若兄，即五更是。治要「若兄」後有「者」字，「即五更是」作「五更是也」。

【疏】「故雖」至「兄也」。「故」者，連上而言。上言「明王」，此言「天子」，以上明王政教，至於天地察，神明彰，故下接教化之行也。言「雖」者，凡天子、諸侯、卿大夫、士皆教化之主，此舉其爵之最高者，故云「雖」。天子如此，則其下諸侯之類可知。曲禮言禮，云：「夫禮者，自卑而尊人，雖負販者，必有尊也，而況富貴乎？」是雖負販者，必有尊，則其上之君子可知也。

注云「雖貴爲天子，必有所尊事之若父，即三老是」，「必有所先事之若兄，即五更是」者，漢人舊誼，皆以有父、有兄爲父事三老，兄事五更。春秋繁露爲人者天云：「雖天子必有尊也，教以孝也。必有先也，教以弟也。此威勢之不足獨恃，而教化之功不大乎。」董子云天子「教以孝」、「教以弟」，應廣至德章之文，則非父事三老、兄事五更，無此禮也。白虎通鄉射篇云：「王者父事三老，兄事五更者何？欲陳孝弟之德，以示天下也。故雖天子必有尊也，言有父也，必有先也，言有兄也。」此爲漢人之通説者也。漢紀高祖皇帝紀荀悦曰：「孝經云：『故雖天子，必有尊也，言有父也。』王者必父事三老以示天下，所以明有孝也。無父，猶設三老之禮，況其存者乎。」是荀悦亦以此經爲父事三老也。經言天子有尊者，穀梁傳莊十八年：「春，王三月，日有食之。不言日，不言朔，夜食也。何以知其夜食也？曰王者朝日。故雖爲天子，必有尊也。貴爲諸侯，必有長也。故天子朝日，諸侯朝朔。」是尊天也。曾子問引孔子云：「天子巡守，以遷廟主行，載於齊車，言必有尊也。」是尊遷廟之主也。然此經云「言有父也」，則非尊天可知。下文有「宗廟致敬」，若「有父」爲天子之父，則與下文重。蓋父死子繼，天子本無父，宗子繼體，天子亦無兄，而經云「言有父也」，「言有兄也」，必非實有，故鄭君以父事三老注「有父」，兄事五更注「有兄」也。皮疏云：「祭義曰：『至孝近乎王，雖天子必有父。至弟近乎霸，雖諸侯必有兄。』鄭注：『天子有所父事，諸侯有所兄事，謂若三老五更也。』疏云：『天子、諸侯俱有養老之禮，皆事三老五更，故文王世子注『三老如賓，五更如介。』但天子尊，故以父事屬之，諸侯卑，故以兄事屬之。』案：天子、諸侯皆養老，故皆有父事、兄事之義。禮記析而舉之，此經專據天子言耳。」是也。唐明皇注：「父謂諸父，兄謂諸兄，皆祖考之胤也。」以唐世無三老、五更之禮，故悖經義也。天子父事三老、兄事五更，故三老、五更有暫不臣之義。白虎通王者不臣言「王者有暫不臣者五，謂祭尸，授受之師，將帥用兵，三老，五更。」又云：「不臣三老、五更者，欲率天下爲人子弟。禮曰：『父事三老，兄事五更。』」續漢志注引五經然否論云：「漢初或云三老答天子拜，遭王莽之亂，法度殘缺。漢中興，定禮儀，群臣欲令三老答拜，城門校尉董鈞駁曰：『養三老，所以教事父之道。若答拜，是使父答子拜也。』詔從鈞議。」

宗廟致敬，不忘親也。設宗廟，四時齋戒以祭之，不忘其親。**脩身慎行，恐辱先也。**脩身者，不敢毀傷。慎行者，不歷危殆，常恐毀辱先人。常恐毀辱先人，治要作「常恐其辱先也」。**宗廟致敬，鬼神著矣。**事生者易，事死者難。聖人慎之，故重其文。治要句末多「也」字。

【疏】「宗廟」至「著矣」　此皆接「故雖天子」之事。此云「宗廟致敬」，以敬爲禮之本，宗廟之禮，有心之敬則發而爲禮之嚴也。紀孝行章云「居則致其敬」，「祭則致其嚴」，以敬、嚴分屬平居、祭祀，其實嚴亦敬之深者。此單言宗廟之禮，故惟言敬也。「宗廟致敬，鬼神著矣」者，後漢書蔡邕傳云：「夫昭事上帝，則自懷多福，宗廟致敬，則鬼神以著。國之大事，實先祀典，天子聖躬所當恭事。」鬼，敦煌本義疏云：「鬼者歸也，言人未生在世，則泯然無矣。既有誕育，則爲有矣。至於死後，刑躰消盡，與未生不異，是歸於無，故曰歸也。」宗廟之「鬼神」之義，春秋成三年「甲子，新宮災，三日哭」，何休注公羊云：「親之精神所依而災，孝子隱痛，不忍正言也。」公羊又云：「廟災三日哭，禮也。」何休注：「善得禮，痛傷鬼神無所依歸，故君臣素縞哭之。」范寧注穀梁亦云：「宫廟，親之神靈所憑居。」檀弓「有焚其先人之室，則三日哭。」鄭注：「哭者，哀精神之有虧傷。」何休、鄭君、范寧皆以宗廟爲親之精神所依也，故此鬼神，非鬼與神，是鬼之神也。上云「神明彰矣」，是尊天地之神明也。此云「鬼神著矣」，是尊祖考之鬼神也。宗廟之致鬼神，祭統云：「賢者之祭也，必受其福，非世所謂福也。福者，備也。備者，百順之名也。無所不順者謂之備，言內盡於己，而外順於道也。忠臣以事其君，孝子以事其親，其本一也。上則順於鬼神，外則順於君長，內則以孝於親，如此之謂備。唯賢者能備，能備然後能祭。是故賢者之祭也，致其誠信，與其忠敬，奉之以物，道之以禮，安之以樂，參之以時，明薦之而已矣，不求其爲。此孝子之心也。」鄭注云：「世所謂福者，謂受鬼神之祐助也。賢者之所謂福者，謂受大順之顯名也。其本一者，言忠、孝俱由順出也。」

注云「設宗廟，四時齋戒以祭之，不忘其親」者，皮疏云：「鄭君注卿大夫章云：『宗，尊也。廟，貌也。親雖亡沒，事之若生，爲作宗廟，四時祭之，若見鬼神之容貌。』又注紀孝行章云：『齊必變食，居必遷坐，敬忌踧踖，若親存也。』皆與此注互相發明。」是也。

注云「脩身者，不敢毁傷。慎行者，不歷危殆，常恐毁辱先人」者，皮疏云：「『不敢毁傷』，見開宗明義章。曲禮曰：『爲人子者，不登高，不臨深，不苟訾，不苟笑。』鄭注：『爲其近危辱也。』又曰：『孝子不服闇，不登危，懼辱親也。』祭義曰：『壹舉足而不敢忘父母，是故道而不徑，舟而不游，不敢以先父母之遺體行殆。』又曰：『不辱其身，不羞其親，可謂孝矣。』此『不歷危殆』與『常恐辱先』之義也。」是也。以鄭之意，雖尊爲天子，亦須不敢毁傷，不歷危殆，方能免於毁辱先人。祭義云：「君子生則敬養，死則敬享，思終身弗辱也。」敬享，即「宗廟致敬」也。「終身弗辱」，即「恐辱先也」。

注云「事生者易，事死者難。聖人慎之，故重其文」者，皮疏云：「鄭意以爲上言『宗廟致敬』，此復言『宗廟致敬』，祇是一意，乃必重其文者，正以事生者易、事死者難，聖人慎之，故不惜丁寧反復以申明之。孟子曰：『養生者不足以當大事，惟送死可以當大事。』此事死難於事生之證也。邢疏云：『上言『宗廟致敬』，謂天子尊諸父，先諸兄，致敬祖考，不敢忘其親也。此言宗廟致敬，述天子致敬宗廟，能感鬼神，雖同稱『致敬』，而各有所屬也。舊注以爲：事生者易，事死者難，聖人慎之，故重其文。今不取也。』邢所云舊注，即鄭注。其所以不取鄭義者，由於解上文『天子必有尊也』四句不從鄭義以爲三老五更，乃解爲『尊諸父、先諸兄』，即在宗廟之中。上言『宗廟致敬』爲敬祖考之胤，此言『宗廟致敬』爲感鬼神之歆，其説非也。」注云「聖人慎之，故重其文」者，公羊僖四年傳何注引春秋說、董子繁露祭義皆云：「孔子曰：『書之重，辭之復，嗚呼，不可不察也，其中必有美者焉。』」

孝悌之至，通於神明，光於四海，無所不通。孝至於天，則風雨時節，孝至於地，則萬物熟成，孝至於人，則重譯來貢，是以無所不通也。治要無「節」、「熟」二字，「是以」作「故」。**詩云：『自西自東，自南自北，無思不服。』**」孝道流行，莫敢不服，順而從之。明皇御注引鄭注云：「義取德教流行，莫不服義從化也。」蓋意引也。治要作「孝道流行，莫敢不服」，與此注同。

【疏】「孝悌」至「不服」　引詩見詩經大雅文王有聲，鄭箋云：「自，由也。武王於鎬京行辟雍之禮，自四方來觀者，皆感化其德，心無不歸服者。」疏云：「既言辟雍，即云四方皆服，明由在辟雍行禮，見其行禮，感其德化，故無不歸服也。辟雍之禮，謂養老以教孝悌也。」注云「孝至於天，則風雨時節，孝至於地，則萬物熟成，孝至於人，則重譯來貢，是以無所不通也」者，鄭注以上文「昔者明王事父孝，故事天明。事母孝，故事地察。長幼順，故上下治」，以三才章之文爲說，故此亦以天地人解之也。皮疏云：「鄭君注孝治章『災害不生』曰：『風雨順時，百穀成孰。』此云『風雨時』、『萬物成』，以爲孝至天下之應，與孝治章注同。鄭解此經天、地，多以四時、百物言之，此釋經之『通於神明』也。」「通於神明」，是通天地之神明，故解爲「孝至於天，則風雨時節，孝至於地，則萬物熟成」，王充論衡感虛篇云：「夫『孝悌之至，通於神明』，乃謂德化至天地。」程材篇又云：「堯以俊德，致黎民雍。孔子曰：『孝悌之至，通於神明。』」皆與鄭注合。「光於四海」，是雖遠莫不來貢，故云「孝至於人，則重譯來貢」也。皮疏云：「云『孝至於人，則重譯來貢』者，鄭君注聖治章『四海之內，各以其職來助祭』曰：『周公行孝於朝，越裳重譯來貢。』此與聖治章注同意，以釋經之『光於四海』也。堯典『光被四海』，傳曰：『光，充也。』孔傳解光爲充，原本古義。『光被』，今文尚書作『横被』，見漢書王褎、王莽傳、後漢書馮異、張衡傳等處。光、横古同聲通用，皆是充廣之義。祭義曰：『夫孝，置之而塞乎天地，溥之而横乎四海。』經云『通於神明』，鄭注解神明爲天地，即祭義之『塞乎天地』也。經云『光於四海』，即祭義之『横乎四海』也。經云『孝悌之至』，注專言孝，舉其重者耳。尚書大傳略説曰：『天子重鄉養，卜筮巫醫御於前，祝咽祝哽以食。乘車輲輪，胥與就膳，徹，送至於家。君如欲有問，明日就其室，以珍從，而孝弟之義達於四海。』略説言達四海，承養老言之，與鄭説合。」劉向新序雜事言舜至孝之化：「蠻夷率服，北發渠搜，南撫交阯，莫不慕義，麟鳳在郊。故孔子曰：『孝弟之至，通於神明，光於四海。』舜之謂也。」亦鄭注之意也。

注云「孝道流行，莫敢不服，順而從之」者，禮記祭義引曾子曰：「夫孝，置之而塞乎天地，溥之而横乎四海，施諸後世而無朝夕。推而放諸東海而準，推而放諸西海而準，推而放諸南海而準，推而放諸北海而準。詩云：『自西自東，自南自北，無思不服。』此之謂也。」

孔疏云：「言孝道措置於天地之間，塞滿天地。言上至天，下至地，謂感天地神明也。」又云：「布此孝道而横被於四海，言孝道廣遠也。」「施此孝道於後世，而无一朝一夕而不行也。終長行之，言長久。」此孝道流行，感通天地人之驗也。皮疏云：「孔疏以詩言『四方皆服』爲感辟雍養老，教孝悌之德化，甚得詩旨，即可得孝經與注之旨。」下考辟雍之制，其説非也。蓋孝經引詩，皆斷章取義，鄭君以辟雍之禮解詩，然未曾以辟雍解此經也。且經傳言可致感通天地人者，泛言孝則可，專指辟雍則未必也。禮器云：「因吉土以饗帝於郊。升中於天，而鳳皇降，龜龍假；饗帝於郊，而風雨節，寒暑時。是故聖人南面而立而天下大治。」是言郊禮可以感天地也。禮運云：「故天不愛其道，地不愛其寶，人不愛其情。故天降膏露，地出醴泉，山出器、車，河出馬圖，鳳凰、麒麟皆在郊棷，龜、龍在宫沼，其餘鳥獸之卵胎，皆可俯而闚也。則是無故，先王能脩禮以達義，體信以達順故。此順之實也。」是禮可以順天地也。

事君章第十七

【疏】邢疏云：「此章首言君子之事上，又言『進思盡忠，退思補過』，皆是事君之道。孔子曰：『天下有道則見，無道則隱。』前章言明王之德、應感之美，天下從化，無思不服。此孝子升朝事君之時也，故以名章，次應感之後。」案：邢疏非也。此章言事君之道，非以感應章言有道之世，故君子出仕爲政，而以前章既云諫諍，復言感應，此章承諫諍之義，復言事君之道也。

子曰：「君子之事上，明皇御注本句末多「也」字，白文寫本、鄭注皆無之。上陳諫諍之義已畢，未及去就之理，欲見進退之道，故發此言。**進思盡忠，**死君之難爲盡忠。**退思補過，**待放三年，服思其過，故□之。**將順其美，**「善則稱君」。**匡救其惡，**「過則稱己也」。寫本殘缺，據嚴輯本補。**故上下治，**明皇御注本無「治」字，然白文寫本、鄭注本皆有「治」字。劉炫述議云：「臣既愛君，君亦愛臣，以是故上下能相親也。」是劉炫所見本無「治」字，而古文孝經之知不足齋叢書本、足利本，司馬光古文孝經指解皆無「治」字，是唐明皇據古文孝經以刪今文「治」字也。**能相親。**明皇御注本句末多「也」字，白文寫本、鄭注皆無之。君臣同心，故能相親。

【疏】「君子」至「相親」 邢疏云：「經稱『君子』有七焉：一曰『君子不貴』，二曰『君子則不然』，三曰『淑人君子』，四曰『君子之教以孝』，五曰『愷悌君子』。已上皆斷章指於聖人君子，謂居君位而子下人也。六曰『君子之事親孝』，故此章『君子之事上』，則皆指於賢人君子也。」是也。凡稱「君子」者，皆重其德也。此「君子」所指，爲出仕之臣，即卿大夫、士也。「上」，即章名「事君」之君，天子、諸侯、卿大夫有地者皆稱君也。「進思盡忠，退思補過」，亦見於左傳宣十二年，傳云：「林父之事君也，進思盡忠，退思補過，社稷之衛也。」此夫子之所本也。

注云「上陳諫諍之義已畢，未及去就之理，欲見進退之道，故發此言」者，言君臣之義，諫諍章備言諫諍之道，然未及言出仕爲政，義絕則逃之事，故鄭君以此章專言卿大夫、士去就之理也。

注云「死君之難爲盡忠」者，進，謂出仕事君也，事君必忠，而忠之所盡，在死君之難也。大夫、士死君之難，即爲公也，非爲私也，故謂之盡忠。皮疏云：「公羊莊二十六年傳『曷爲衆殺之？不死於曹君者也』，何氏解詁曰：『曹諸大夫與君皆敵戎戰，曹伯爲戎所殺，諸大夫不伏節死義，獨退求生，後嗣子立而誅之。春秋以爲得其罪，故衆畧之不名。』是春秋之義，臣當死君之難。左氏傳曰：『君爲社稷死，則死之。』其書殉君難者，皆以『死之』爲文。此死君難，爲盡忠之義也。」公羊隱元年何注云：「君敬臣則臣自重，君愛臣則臣自盡。」自盡即盡其忠也。穀梁桓十一年傳云：「死君難，臣道也。」劉向說苑建本云：「賢臣之事君也，受官之日，以主爲父，以國爲家，以士人爲兄弟，故苟有可以安國家，利民人者，不避其難，不憚其勞，以成其義。」論語學而云：「事君能致其身。」皇疏云：「致，極也。士見危致命，是能致極其身也。然事君雖就養有方，亦宜竭力於君親，若患難，故宜致身。」以皇氏之意，「致其身」，即此所云「盡忠」也。論語子張云：「士見危致命。」皇疏云：「士者知義理之名，是謂升朝之士也，若見國有危難，必不愛其身，當以死救之，是見危致命也。士既如此，則大夫以上可知也。」曲禮云：「臨難毋苟免」。孔疏云：「難，謂有寇仇謀害君父，爲人臣子，當致身授命以救之。」曲禮又云：「大夫死衆，士死制。」鄭注：「死其所受於君。衆謂君師。制謂君教令所使爲之。」孔疏云：「大夫死衆者，大夫職主領衆將軍，若四郊多壘，則爲己辱，故有寇難，當保國，必率衆禦之，以死爲度。士死制者，制謂君教命所使也，雖不得率師，若君命使之，則唯致死。」經記所述，皆以死君之難爲盡忠也。

注云「待放三年，服思其過，故□之」者，鄭以上「進」謂出仕，此「退」謂待放於郊，「補過」謂補己身之過。聖治章「進退可度」，鄭注云：「雖進而盡忠，亦退而補過。」正與此注「進退」之義同。白虎通諫諍云：「必待放於郊者，忠厚之至也，冀君覺悟能用之。所以必三年者，古者臣下有大喪，君三年不呼其門，所以復君恩。今已所言，不合於禮義，君欲罪之可得也。援神契曰：『三諫，待放復三年，盡惓惓也。所以言放者，臣爲君諱，若言有罪放之也。所諫事已行者，遂去不留。凡待放者，冀君用其言耳。事已行，災咎將至，無爲留之。』」又云：「臣待放於郊，君不絶其禄者，示不合耳。以其禄參分之二與之，一留與其妻長子，使得祭其宗廟。賜之環則反，賜之玦則去。明君子重恥也。」案：進退之義，異説甚夥，比諸各説，乃知鄭注之極精也。邢疏引韋昭云：「退歸私室，則思補其身過」，并釋其義云：「以禮記少儀曰：『朝廷曰退，燕遊曰歸。』左傳引詩曰：『退食自公。』杜預注：『臣自公門而退入私門，無不順禮。』室猶家也。謂退朝理公事畢，而還家之時。則當思慮以補身之過。故國語曰：『士朝而受業，晝而講貫，夕而習復，夜而計過，無憾而後即安。』言若有憾則不能安，是思自補也。」是以「進」謂見君，「退」謂退歸其家，「補過」謂補身之過也。其引證雖繁，然若如其說，則進見於君之所盡忠者，其要在諫諍而已，則此經文與諫諍章之義重複也，故鄭所不取。又有以補過爲補君之過者，漢書師丹傳丹上書，自陳：「位爲三公，職在左右，不能盡忠補過，而令庶人竊議，災異數見，此臣之大罪也。」是以補過爲補君之過也。左傳宣十二年疏引孝經孔傳云：「進見於君，則必竭其忠貞之節，以圖國事。直道正辭，有犯無隱。退還所職，思其事宜。獻可替否，以補王過。」并解之曰：「此孔意進謂見君，退謂還私職也。」明皇天寶重注云：「君有過失，則思補益。」邢疏云：「今云君有過則思補益，出制旨也，義取詩大雅烝民云：『衮職有闕，惟仲山甫補之。』毛傳云：『有衮冕者，君之上服也。仲山甫補之，善補過也。』鄭箋云：『衮職者，不敢斥王言也。王之職有闕，輒能補之者，仲山甫也。』此理爲勝。」此說於理亦有所據，然若依其說，此「過」爲君之過，則與上文「進思盡忠」爲君子之「忠」，其文不叶。左傳孔疏又引舊說云：「或當以此二句據臣心爲文，文既據臣，君在其上。施之於君則稱進，内省其身則稱退。盡忠者，盡己之心，以進獻於君。補過者，内脩己心，以補君愆失。故以盡忠爲進，補過爲退耳，非謂進見與退還也。」益與經旨不合。鄭君以此章名爲「事君」，以「君子之事上」始，則下「進思盡忠，退思補過」，進退之文，即事君之終始，去就之大義。故進則忠於君，忠之盡者謂死君之難，退則逃其君，退所補者在待放三年。鄭君此注，非若邢疏、孔疏以他經之義理解之，使自證其說而已，乃深探本經之意指，窮究上下之文義所得也。且經記以進退爲去就者甚多。檀弓云：「穆公問於子思曰：『爲舊君反服，古與？』子思曰：『古之君子，進人以禮，退人以禮，故有舊君反服之禮也。』」爲舊君反服，即含以道去君，待放於郊者，則進退即指去就而言。表記子曰：「事君難進而易退，則位有序。易進而難退，則亂也。」疏云：「難進，謂君擇己，易退，謂君厭己。」史記管晏列傳云：「方晏子伏莊公尸哭之，成禮然後去，豈所謂見義不爲無勇者邪？至其諫說，犯君之顏，此所謂『進思盡忠，退思補過』者哉。」此之進退，皆去就之意也。

注云「善則稱君。過則稱己」者，坊記文。坊記引子云：「善則稱君，過則稱己，則民作忠。」穀梁襄十九年傳云：「君不尸小事，臣不專大名。善則稱君，過則稱己，則民作讓矣。」白虎通五行云：「善稱君，過稱己，何法？法陰陽共敘共生，陽名生，陰名煞。臣有功，歸功於君，何法？法歸明於日也。」詩序云：「論功頌德所以將順其美，刺過譏失所以匡救其惡，各於其黨，則爲法者彰顯，爲戒者著明。」是以「將順其美，匡救其惡」爲詩經美刺之法也。案：若釋經文本義，「將順其美，匡救其惡」，公羊莊十年何注：「所以彊內，且明臣子當將順其美，匡救其惡。」疏云：「言爲臣子之法，宜行君父之義，順君父之美。」「若見君父之惡，當正而救之。」少儀云：「爲人臣下者，有諫而無訕，有亡而無疾，頌而無諂，諫而無驕。」鄭注云：「頌，謂將順其美，匡救其惡。」孔疏云：「若君有盛德，臣當美而頌之也。君苟無德，則匡而救之。」二疏言經文本義甚明。然鄭注用坊記之文，深鑿經義。鄭注以「善則稱君」注「將順其美」者，是言事君之道，君之德美則順而美之，雖有臣子之善，亦不自伐其善，而歸美其君父。祭義云：「天子有善，讓德於天。諸侯有善，歸諸天子。卿、大夫有善，薦於諸侯。士、庶人有善，本諸父母，存諸長老。禄爵慶賞，成諸宗廟，所以示順也。」繁露保位權云：「是以群臣分職而治，各敬而事，爭進其功，顯廣其名，而人君得載其中，此自然致力之術也。聖人由之，故功出於臣，名歸於君也。」劉向説苑臣術云：「虚心白意，進善通道，勉主以禮誼，諭主以長策，將順其美，匡救其惡，功成事立，歸善於君，不敢獨伐其勞，如此者良臣也。」此其義也。鄭注以「過則稱己」注「匡救其惡」者，是言事君之道，君之德惡則正而止之，然亦隱君之惡，歸過於己身。白虎通諫諍云：「所以爲君隱惡何？君至尊，故設輔弼，置諫官，本不當有遺失。論語曰：『陳司敗問：昭公知禮乎？孔子曰：知禮。』此爲君隱也。」「故孝經曰：『將順其美，匡救其惡，故上下能相親也。』」曲禮下云：「大夫士去國逾竟，爲壇位鄉國而哭」，「不説人以無罪」。鄭注云：「不自説於人以無罪，嫌惡其君也。」孔疏云：「不説人以無罪者，善則稱君，過則稱己。今雖放逐，猶不得鄉人自説道己無罪而君惡，故見放退也。」鄭注少儀「爲人臣下者，有諫而無訕，有亡而無疾」云：「亡，去也。疾，惡也。」疏云：「君若惡，臣當諫之，不得向人道説謗毁。」「君若有過，三諫不從，乃出境而去，不得強留而而憎惡君也。」是也。繁露陽尊陰卑云：「春秋君不名惡，臣不名善，善皆歸於君，惡皆歸於臣。」此春秋之義，最合鄭注之意。史记管晏列传引「將順其美，匡救其惡，故上下能相親也。」以美管仲，正義云：「言管仲相齊，順百姓之美，匡救國家之惡，令君臣百姓相親者，是管之能也。」以美爲百姓之美，惡爲國家之惡，非也。注云「君臣同心，故能相親」者，上即君，下即臣，故「上下治」，即「君臣同心」也。敦煌本義疏云：「不言君臣，而云上下者，未進及已去，無復君臣而猶有尊卑，故言上下也。」然經之「上下」，乃承「君子之事上」而言，故鄭注甚當，義疏失之過鑿。

詩云：『心乎愛矣，遐不謂矣。中心藏之，何日忘之。』心乎愛君矣，而不謂遠矣，念君之無已。**中心藏**皮疏改「藏」爲「臧」，并云：「鄭君詩箋作『臧』字解，其所據本當作『臧』。」諸唐寫本皆作「藏」，皮說非也。**之，何日忘之。』**」忠心常藏善道，何能一日而忘君□雖在□心恒左右。

【疏】云「詩云」至「忘之」引詩出小雅隰桑。注云「心乎愛君矣，而不謂遠矣，念君之無已」者，隰桑鄭箋云：「遐，遠。謂，勤。」「我心愛此君子，君子雖遠在野，豈能不勤思之乎？宜思之也。」表記言諫諍之道，後引此詩，鄭注云：「瑕之言胡也。謂，猶告也。」其說不同。案：鄭君注經，非以經字定其義，而乃求諸上下文意，以定訓詁，故於此經三注皆不同。表記疏釋詩經本經鄭箋之意云：「此小雅隰桑之篇，刺幽王之詩。君子在野，詩人念之，云心乎愛此君子矣。瑕，遠也。謂，勤也。言念此君子遠離，此不勤乎，言近於勤矣，終當念之。」又釋表記所引詩云：「今記人所引此，云心乎愛此君子矣。瑕之言胡，胡，何也。謂，猶告也。

言何不以事告諫於君矣。」而以此注，遐，遠也，謂，言也。此承上事君之道，故云心愛其君，進退皆未忘於君，念君無已也。

注云「忠心常藏善道，何能一日而忘君□雖在□心恒左右」者，隰桑鄭箋云：「藏，善也。」「我心善此君子，又誠不能忘也。孔子曰：『愛之能勿勞乎？忠焉能勿誨乎？』」而此注解「藏」爲「藏善道」，於詩箋不同也。

【疏】邢疏云：「此章首云『孝子之喪親也』，故章中皆論喪親之事。喪，亡也，失也。父母之亡沒，謂之喪親，言孝子亡失其親也，故以名章，結之於末矣。」

喪親章第十八

子曰：「孝子之喪親，（明皇御注本句末多「也」字，白文寫本、鄭注皆無之。）上陳孝道，生事已畢，死事未見，故發此言。（明皇御注引鄭注，省「上陳孝道」，「言」作「章」。鄭注上諫諍章首「是何言與」云：「故發此言也。」注事君章首「君子之事上」云：「故發此言。」皆於經首推孔子之意，故此亦以「言」爲正，明皇御注作「章」字非也。）**哭不偯，**氣竭而息，聲不委曲。**禮無容，**不爲趨翔。**言不文，**父母之喪，唯而不對。（嚴輯合「禮無容，言不文」，注據北堂書鈔作「父母之喪，不爲趨翔，唯而不對也」。今據寫本。）**服美不安，**去文繡之衣，以縗麻服之。（釋文作「去文繡，衣衰服也。」）**聞樂不樂，**尚在悲哀，故不樂。（唐明皇御注引鄭注云：「悲哀在心，故不樂也。」然此注爲天寶重注，其開元初注本即覆卷子本唐開元御注孝經，此注曰：「志在悲哀，故不樂也。」此乃明皇所見鄭注，「志」爲「尚」之訛寫。）**食旨不甘，**不嘗鹹酸而食粥。**此哀戚之情也。**

【疏】「孝子」至「情也」　此經雖以「孝」名，而言「孝子」者惟三，一見紀孝行章「孝子之事親」，二見此「孝子之喪親」，三見下「孝子之事親終矣」。凡言「孝子」者，皆通於上下，總包尊卑，單以孝言也。云「孝子之喪親」者，白虎通崩薨：「喪者，何謂也？喪者，亡也。人死謂之喪何？言其喪亡，不可復得見也。不直言死，稱喪者何？爲孝子之心不忍言也。」鄭玄喪服目録云：「不忍言死而言喪，喪者，棄亡之辭，若全存居於彼焉，已亡之耳。」此章云孝子之喪親，是據生者言。白虎通云：「生者哀痛之亦稱喪。禮曰：『喪服斬衰。』易曰：『不封不樹，喪期無數。』孝經曰：『孝子之喪親也。』是施生者也。」據死者言，死名有別，天子曰崩，諸侯曰薨，大夫曰卒，士曰不禄，庶人曰死。據生者言，喪名無異，若白虎通崩薨云：「天子下至庶人，俱言喪何？欲言身體髮膚俱受之父母，其痛一也。」檀弓云：「哭泣之哀，齊斬之情，饘粥之食，自天子達。」鄭注曰：「子喪父母，尊卑同。」論語陽貨孔子答宰我問三年之喪云：「夫君子之居喪，食旨不甘，聞樂不樂，居處不安，故不爲也。」其云「食旨不甘」，「聞樂不樂」，正與此經之説同。云「此哀戚之情也」者，「此」即上六事，皆哀戚之情也。哭不偯，哀情發於聲音者也。禮無容，哀情發於形體者也。言不文，哀情發於言語者也。服美不安，哀情見於衣服者也。聞樂不樂，哀情見於聲樂者也。食旨不甘，哀情見於飲食者也。此六者，并是親始喪之時，聖人制作，先順人情也。

注云「上陳孝道，生事已畢，死事未見，故發此言」者，邢疏云：「生事，謂上十七章説。生事之禮已畢，其死事經則未見，故又發此章以言也。」

注云「氣竭而息，聲不委曲」者，敦煌本義疏云：「孝子喪親，傷其肝腎，心如斬截。曲折曰偯，故聲直出而不曲折。」邢疏云：「禮記閒傳曰：『斬衰之哭，若往而不反。齊衰之哭，若往而反。』此注據斬衰而言之，是氣竭而後止息。又曰：『大功之哭，三曲而偯。』鄭注云：『三曲，一舉聲而三折也。偯，聲餘從容也。』是偯爲聲餘委曲也。斬衰則不偯，故云『聲不委曲』也。」皮疏引阮福曰：「更有雜記『童子哭不偯』，言童子不知禮節，但知遂聲直哭，不能知哭之當偯不當偯，故云『哭不偯』，正與此處經文『哭不偯』同。」又云：「『曾申問於曾子曰：「哭父母有常聲乎？」曰：「中路嬰兒失其母焉，何常聲之有？」』鄭注言其若小兒亡母號啼，安得常聲乎？所謂哭不偯，以此二證推之，益可知孝子之哭親，悲痛急切之時，自是如童子嬰兒之哭不偯，不作委曲之聲。且可見曾子答曾申之言，實受之孔子，即孝經『哭不偯』之義也。」「說文云：『㥷，痛聲也。从心依聲。』孝經曰：『哭不㥷。』此㥷字之義與偯同。」

注云「不爲趨翔」者，鄭注儀禮士相見禮「庶人見於君，不爲容，進退走」云：「容，謂趨翔。」以趨翔解容，與此經同。鄭箋詩經賓之初筵「賓之初筵，左右秩秩」，云：「大射之禮，賓初入門，登堂即席，其趨翔威儀甚審知，言不失禮也。」是趨翔爲禮容也。皮疏云：「曲禮曰：『帷薄之外不趨。』鄭注：『不見尊者，行自由，不爲容也。入則容。行而張足曰趨。』又曰：『堂上不趨。』鄭注：『爲其迫也。堂下則趨。』又曰：『執玉不趨。』鄭注：『志重玉也。』又曰：『室中不翔。』鄭注：『又爲其迫也。行而張拱曰翔。』又曰：『父母有疾，行不翔。』鄭注：『憂不爲容也。』然則行而張足之趨，行而張拱之翔，皆所以爲容，不爲容則不趨翔。父母有疾行不翔，父母之喪不趨翔更可知。」

案：此經劉炫述議云：「服喪之中，有設奠迎賓，登降折旋之禮，但喪事質素，無復儀容，所以主於哀也。」明皇注則據禮記問喪「女子哭泣悲哀，擊胸傷心，男子哭泣悲哀，稽顙觸地無容，哀之至也」，注此經云：「觸地無容。」經云「禮無容」，若依劉說，則是無禮，非無容也。若依明皇說，則「禮」限於拜事而已。鄭注「不爲趨翔」，正總言無容之狀，此見鄭注之精當也。

注云「父母之喪，唯而不對」者，喪服四制云：「禮斬衰之喪，唯而不對。齊衰之喪，對而不言。大功之喪，言而不議。緦、小功之喪，議而不及樂。」孔疏云：「禮斬衰之喪，唯而不對者，謂與賓客言也，但稱『唯』而已，不對其所問之事。侑者爲之對，不旁及也。」間傳云：「斬衰唯而不對，齊衰對而不言，大功言而不議，小功、緦麻議而不及樂。此哀之發於言語者也。」孔疏云：「斬衰唯而不對者，但『唯』於人，不以言辭而對也。皇氏以爲親始死，但『唯』而已，不以言對。」云「斬衰之喪」，即父母之喪也，雖子爲父服斬衰三年，爲母服齊衰期，父在爲母齊衰期，然經記云「父母之喪」者多，且以情論，父母情同。又，母可以繫於父，故舉「父母之喪」總而言之，皆「唯而不對」也。雜記又云：「三年之喪，言而不語，對而不問。」鄭注云：「言，言己事也。爲人說爲語。」與上斬衰之喪唯而不對異。然記云「三年」，特言其久，故因時久而可言可對，而因有喪而不語不問，與上引文雖略異，其義則同也。喪服四制云：「三年之喪，君不言。書云：『高宗諒闇，三年不言。』此之謂也。然而曰『言不文』者，謂臣下也。」鄭注：「『言不文』者，謂喪事辨不所當共也。孝經說曰：『言不文者，指士民也。』」是高宗諒闇，三年不言國事，而臣下士民之言不文。云「三年不言」可證此「唯而不對」，而云士民「言不文」，其意於此經不同，皮疏引以注此經，非也。

注云「去文繡之衣，以線麻服之」者，皮疏云：「儀禮士喪既夕記：『乃卒。主人啼，兄弟哭。』鄭注：『於是始去冠而笄纚，服深衣。檀弓曰：「始死，羔裘、玄冠者，易之。」』疏曰：『知「於是始去冠而笄纚，服深衣」者，禮記問喪云：「親始死，雞斯徒跣，扱上衽。」注云：「雞斯，當云笄纚。上衽，深衣之裳前。」是其親始死，笄纚，服深衣也。引檀弓者，證服深衣，易去朝服之事也。』記又曰：「既殯，主人説髦，三日絞垂。冠六升，外縪，纓條屬，厭。衰三升。屨外納。」鄭注：『成服日。絞，要絰之散垂者。』是親始死，以深衣易羔裘而去冠，三日成服，乃衣衰服也。儀禮喪服曰：『喪服，斬衰裳，苴絰、杖、絞帶，冠繩纓，菅屨。』鄭注檀弓云：『衰絰之制』，以經表孝子忠實之心，衰明孝子有哀摧之義。白虎通喪服篇曰：『喪禮必制衰麻何？以副意也。服以飾情，情貌相配，中外相應，故吉凶不同服，歌哭不同聲。所以表中誠也。』釋名釋喪制云：『三日不生，生者成服曰衰，衰，摧也。言傷摧也。』皆與鄭合。」

注云「尚在悲哀，故不樂」者，邢疏云：「言至痛中發，悲哀在心，雖聞樂聲，不爲樂也。」論語陽貨「聞樂不樂」，皇疏云：「聞於韶樂亦不爲雅樂。」以後樂爲音樂之樂，非也。

注云「不嘗鹹酸而食粥」者，論語陽貨「食旨不甘」，孔傳云：「旨，美也。」皇疏云：「假令食於美食，亦不覺以爲甘。」儀禮喪服云：「歠粥，朝一溢米，夕一溢米。既虞，食疏食，水飲。既練，始食菜果，飯素食。」喪大記云：「君之喪，子、大夫、公子、衆士皆三日不食。子、大夫、公子食粥，納財，朝一溢米，莫一溢米，食之無算。」「大夫之喪，主人、室老、子姓皆食粥」，「士亦如之。既葬，主人疏食水飲」，「練而食菜果，祥而食肉。食粥於盛，不盥，食於篹者盥。食菜以醯、醬。始食肉者，先食乾肉，始飲酒者，先飲醴酒。」禮記問傳云：「故父母之喪，既殯食粥，朝一溢米，莫一溢米。」禮記問喪曰：「痛疾在心，故口不甘味，身不安美也。」

三日而食，教民無以死傷生，三日不食，恐傷及生人，故孝子不爲也。**毁不滅性，**毁瘠羸瘦，孝子有之。嚴據文選宋孝武宣貴妃誄注。**此聖人之政也。喪不過三年，示民有終也。**三年之喪，天下達禮。不肖者企而及之，賢者俯而就之。寫本存「三年」、「企而及」，據嚴輯補。□其再期廿五月□釋文存「再期」二字，據寫本補。寫本「期」作「基」。鄭注儀禮士虞禮云：「古文『朞』皆作『基』。」釋文云：「本又作朞。」寫本「基」爲「朞」之借字。林秀一輯本云義疏「所以再朞，共得三年也」爲鄭注，非也。

【疏】「三日」至「終也」　上六事言哀戚之情，此三日、三年言因人情而爲之節文也。注云「三日不食，恐傷及生人，故孝子不爲也」者，禮記問喪云：「親始死，雞斯，徒跣，扱上衽，交手哭。惻怛之心，痛疾之意，傷腎、乾肝、焦肺，水漿不入口，三日不舉火，故鄰里爲之糜粥以飲食之。」喪服四制云：「三日而食，三月而沐，期而練，毁不滅性，不以死傷生也。」又云：「父母之喪，衰冠、繩纓、菅屨，三日而食粥，三月而沐，期十三月而練冠，三年而祥。」問傳云：「斬衰三日不食，齊衰二日不食，大功三不食，小功、緦麻再不食，士與斂焉，則壹不食。」皆與此經注相發。經云「三日而食」，注以「三日不食」，謂滿三日而後食也。若滿三日不食，則是以死傷生，聖人之政不與之也。

注云「毁瘠羸瘦，孝子有之」者，禮記曲禮「居喪之禮，毁瘠不形」，孔疏云：「毁瘠，羸瘦也。形，骨露也。骨爲人形之主，故謂骨爲形也。居喪乃許羸瘦，不許骨露見也。」案：父母之喪，哀戚之極，然聖人之禮，順人之情而抑之，不使以死傷生，故有疾則使飲酒食肉。曲禮云：「居喪之禮，頭有創則沐，身有瘍則浴，有疾則飲酒食肉，疾止復初。不勝喪，乃比於不慈不孝。」孔疏云：「不勝喪，謂疾不食酒肉，創瘍不沐浴，毁而滅性者也。不留身繼世，是不慈也。滅性又是違親生時之意，故云不孝。」雜記「孔子曰：『身有瘍則浴，首有創則沐，病則飲酒食肉。毁瘠爲病，君子弗爲也。毁而死，君子謂之無子。』」鄭注：「毁而死，是不重親。」檀弓曰：「毁不危身，爲無後也。」鄭注：「謂憔悴將滅性。」檀弓「故君子有終身之憂，而無一朝之患。」鄭注：「毁不滅性。」孔疏云：「所以不滅性者，父母生已，欲其存寧，若滅性，傷親之志，又身已絶滅，無可祭祀故也。」檀弓：「喪禮，哀戚之至也。節哀，順變也。君子念始之者也。」鄭注：「始猶生也，念父母生已，不欲傷其性。」疏云：「人或有禍災，雖或悲哀，未是哀之至極。唯居父母喪禮，是哀戚之至極也。既爲至極，若無節文，恐其傷性。」「所以節哀者，欲順孝子悲哀，使之漸變也。」「所以必此順變者，君子思念父母之生已，恐其傷性，故順變也。」蓋以毁而滅性，違親之意，是不孝，不留身祭祀，亦爲不孝，甚或無後，更大不孝者也。故聖人制作，使得申其情，而又節其文。檀弓言曾子水漿不入口者七日，子思抑之曰：「君子之執親之喪也，水漿不入於口者三日，杖而後能起。」鄭注：「爲曾子言難繼，以禮抑之。」難繼者，後人難以爲繼也。是聖人制禮義，所以爲萬世天下，非爲一人，賢者當有節文也。注云「三年之喪，天下達禮」者，三年之喪，是聖人因情而節文，檀弓「喪三年以爲極亡」，注云：「去已久遠，而除其喪。」疏云：「言服親之喪，以經三年，以爲極亡，可以棄忘，而孝子有終身之痛，曾不暫忘於心也。」喪服四制：「喪不過三年，苴衰不補，墳墓不培。祥之日鼓素琴，告民有終也，以節制者也。」又云：「始死，三日不怠，三月不解，期悲哀，三年憂，恩之殺也。聖人因殺以制節。」三年問：「三年之喪，何也？曰稱情而立文，因以飾群，別親疏、貴賤之節，而不可損益也，故曰無易之道也。創鉅者其日久，痛甚者其愈遲。三年者，稱情而立文，所以爲至痛極也。斬衰苴杖，居倚廬，食粥，寢苫枕塊，所以爲至痛飾也。」三年之喪，爲天下之達禮。達者，鄭注儀禮士昏禮「下達納采，用鴈」云：「達，通也。」檀弓云：「夫三年之喪，天下之達喪也。」鄭注：「達，謂自天子至於庶人。」中庸云：「三年之喪，達乎天子。父母之喪，無貴賤一也。」鄭注云：「明子事父以孝，不用其尊卑變。」陽貨子曰：「子生三年，然後免於父母之懷。夫三年之喪，天下之通喪也。」皇疏：「雖貴賤不同，以爲父母懷抱，故制喪服不以尊卑致殊，因以三年爲極，上自天子下至庶人，故云天下通喪也。」三年之喪所自來，其説甚夥，而以儀禮喪服賈疏最合鄭意。賈疏博考經記云：「第一，明黄帝之時，朴略尚質，行心喪之禮，終身不變者，案禮運云：『昔者先王未有宮室，食鳥獸之肉，衣其羽皮。』此乃伏羲之時也。又云：『後聖有作，治其絲麻以爲布帛，養生送死，以事鬼神。』此謂黄帝之時也。又案易繫辭云：『古之葬者，厚衣之以薪，葬之中野，不封不樹，喪期無數。』在黄帝九事章中，亦據黄帝之日，言喪期無數，是其心喪終身者也。第二，明唐虞之日，淳樸漸虧，雖行心喪，更以三年爲限者，案禮記三年問云：『將由夫患邪淫之人與？則彼朝死而夕忘之，然而從之，則是曾鳥獸之不若也，夫焉能相與群居而不亂乎？將由夫脩飾之君子與？則三年之喪，二十五月而畢，若駟之過隙，然而遂之，則是無窮也。故先王焉爲之立中制節，壹使足以成文理，則釋之矣。』又云：「聖人初欲爲父母期，加隆焉，故爲父母三年。必加隆至三年者，孔子答宰我云：『子生三年，然後免於父母之懷。』是以子爲之三年，報之。三年問又云：『三年之喪，人道之至文者也。夫是之謂至隆。是百王之所同，古今之所壹也，未有知其所由來者也。』注云：『不知其所從來，喻此三年之喪，前世行之久矣。』既云喻前世行之久，則三年之喪，實知其所從來，但喻久爾。故虞書云：『二十八載，帝乃殂落，百姓如喪考妣。三載，四海遏密八音。』是心喪三年，未有服制之明驗也。第三，明三王以降，澆偽漸起，故制喪服，以表哀情者，案郊特牲云：『大古冠布，齊則緇之。』鄭注云：『唐虞已上曰大古。』又云『冠而敝之可也』，注云：『此重古而冠之耳。三代改制，齊冠不復用也。以白布冠質，以爲喪冠也。』據此而言，則唐虞已上，吉凶同服，惟有白布衣、白布冠而已。故鄭注云白布冠爲喪冠。又案三王以來，以唐虞白布冠爲喪冠。又案喪服記云：『凡衰外削幅，裳内削幅。』注云：『大古冠布衣布，先知爲上，外殺其幅，以便體也。後知爲下，内殺其幅，稍有飾也。後世聖人易之，以此爲喪服。』據此喪服記與郊特牲兩注而言，則鄭云後世聖人，夏禹也。是三王用唐虞白布冠、白布衣爲喪服矣。」案：贾疏云喪服之制，自夏禹始，正與鄭君注開宗明義章以「先王」爲禹同，此鄭注帝、王異制之大端，不可不辨者也，不辨則不明孝經、喪服之義，與人倫之大端也。三年問云：「故三年之喪，人道之至文者也。夫是之謂至隆，是百王之所同，古今之所壹也。」喪服四制言「此喪之所以三年」，「王者之所常行也」。論語憲問：「子張曰：『書云：高宗諒陰，三年不言，何謂也？子曰：『何必高宗，古之人皆然。君薨，百官總己以聽於冢宰三年。』」云「百王」、「王者」、「古之人」，皆指三代禹以下也。

注云「不肖者企而及之，賢者俯而就之」者，敦煌義疏云：「起踵曰企，下頭曰俯。譬如人取長物，當起踵取及。賢者情深，亦不得過限，其令必屈。譬如人取短物，則下頭而取得，但欲俱會三年之義，故無二法，所以再期，共得三年也。」是也。喪服四制云：「此喪之所以三年，賢者不得過，不肖者不得不及，此喪之中庸也，王者之所常行也。」檀弓子思曰：「先王之制禮也，過之者俯而就之，不至焉者跂而及之。」此皆鄭注所本也。論語陽貨「子生三年，然後免於父母之懷」，皇疏釋「三年」云：「聖人爲制禮以三年，有二義，一是抑賢，一是引愚。抑賢者，言夫人子於父母。有終身之恩，昊天罔極之報，但聖人爲三才宜理，人倫超絶，故因而裁之，以爲限節者也。所以者何？夫人是三才之一，天地資人而成。人之生世，誰無父母，父母若喪，必使人子滅性及身服長凶，人人以爾，則二儀便廢，爲是不可。故斷以年月，使送死有已，復生有節。尋制服致節，本應斷期，斷期是天道一變，人情亦宜隨之而易。但故改火促期，不可權終天之性。鑽燧過隙，無消創鉅文。故隆倍以再變，再變是二十五月，始末三年之中。此是抑也。一是引愚者，言子生三年之前，未有知識，父母養之，最鍾懷抱。及至三年以後，與人相關，飢渴痛癢，有須能言，則父母之懷稍得寬免。今既終身難遂，故報以極時，故必至三年。此是引也。」

注云「其再期廿五月」者，喪服之義，禮記三年問云：「至親以期斷。曰：是何也？曰：天地則已易矣，四時則已變矣，其在天地之中者，莫不更始焉，以是象之也。」鄭注云：「言服之正，雖至親皆期而除也。」三年問又云：「然則何以三年也？曰：加隆焉爾也。焉使倍之，故再期也。」鄭注云：「言於父母加隆其恩，使倍期也。」是父母加隆，再期以至於三年也。喪服小記云：「再期之喪，三年也。」禮記三年問云：「三年之喪，二十五月而畢，哀痛未盡，思慕未忘，然而服以是斷之者，豈不送死有已，復生有節也哉。」鄭注云：「復生，除喪反生者之事也。」又云：「三年之喪，二十五月而畢，若駟之過隙，然而遂之，則是無窮也。」公羊閔二年傳：「三年之喪，實以二十五月。」何休注：「所以必二十五月者，取期再期，恩倍，漸三年也。」再期爲二十五月，而三年喪畢，依鄭之意，實二十七月也。皮疏云：「儀禮士虞禮曰：『又朞而大祥，中月而禫。』鄭注：『中猶閒也。禫，祭名也。與大祥閒一月。自喪至此，凡二十七月。』鄭志答趙商云：『祥謂大祥，二十五月。是月禫，謂二十七月，非謂上祥之月也。』」又引檀弓疏云：「祥禫之月，先儒不同。王肅以二十五月大祥，其月爲禫，二十六月作樂。所以然者，以下云『祥而縞，是月禫，徙月樂』，又與上文『魯人朝祥而莫歌，孔子云：「踰月則其善」』，是皆祥之後月作樂也。又閒傳云：『三年之喪，二十五月而畢。』而士虞禮『中月而禫』，是祥月之中也，與尚書『文王中身享國』謂身之中間同。又文公二年冬，『公子遂如齊納幣』，是僖公之喪，至此二十六月。左氏云：『納幣，禮也。』故王肅以二十五月禫除喪畢，而鄭康成則二十五月大祥，二十七月而禫，二十八月而作樂，復平常。鄭必以爲二十七月禫者，以雜記云：『父在爲母爲妻，十三月大祥，十五月禫。』爲母爲妻尚祥、禫異月，豈容三年之喪乃祥、禫同月？若以父在爲母，屈而不申，故延禫月，其爲妻當亦不申，祥、禫異月乎？若以中月而禫，爲月之中間，應云『月中而禫』，何以言『中月』乎？喪服小記云：『妾祔於妾祖姑，亡則中一以上而祔。』又學記云：『中年考校』，皆以『中』爲『間』，謂間隔一年，故以『中月』爲間隔一月也。」「戴德喪服變除禮：『二十五月大祥，二十七月而禫』，故鄭依而用焉。」皮疏之説甚明。何休注公羊閔二年傳，亦云：「是月者，二十七月也。傳言二十五月者，在二十五月外可不譏。」與鄭同也。

爲之棺槨、衣衾而舉之，周尸爲棺，周棺爲槨。衣，謂身衣。衾，謂單被。釋文存「衾謂單」，又云「一本作斂」。嚴輯曰：「當有被字。」據敦煌義疏「衾當爲紟，紟者單被」，則嚴説是也，故據之補「被」字。可以亢尸而起也。釋文。林秀一輯「也」作「之」。**陳其簠簋而哀戚之，**簠簋，祭器之名，受斗二升，嚴輯據北堂書鈔作「簠簋，祭器，受一斗二升」，并云：「此下當有『外圓內方曰簠』六字，闕。」然據周禮舍人疏云：「孝經云『陳其簠簋』，注云『內圓外方』者，彼據簠而言之。」是其下無此六字也。內員外方。嚴輯作「內圓外方曰簠」。祭不見親，故哀慼之。**擗踴哭泣，哀以送之，**啼號竭情也。釋文。**卜其宅兆而安措之，**宅，葬地也。兆，吉兆也。得吉兆，乃葬之，故云葬事大，故卜之，慎之至也。嚴輯作「宅，葬地。兆，吉兆也。葬事大，故卜之，慎之至也。」今據林秀一輯。

【疏】「爲之」至「措之」　此皆言葬事也。

注云「周尸爲棺，周棺爲槨」者，邢疏曰：「檀弓稱：『葬也者，藏也。藏也者，欲人之弗得見也。』鄭注是故衣足以飾身，棺周於衣，槨周於棺，土周於槨。』注約彼文，故言周尸爲棺，周棺爲槨也。」鄭注喪大記「君松槨，大夫柏槨，士雜木槨」，亦云：「槨，謂周棺者也。」白虎通崩薨云：「所以有棺槨何？所以掩藏形惡也。不欲令孝子見其毀壞也。棺之爲言完，所以載尸令完全也。槨之爲言廓，所以開廓辟土，無令迫棺也。」邢疏引白虎通云：「棺之言完，宜完密也。槨之言廓，謂開廓不使土侵棺也。」略同。棺槨之制，喪大記云：「君大棺八寸，屬六寸，椑四寸。上大夫大棺八寸，屬六寸。下大夫大棺六寸，屬四寸。士棺六寸。」檀弓：「天子之棺四重，水、兕革棺被之，其厚三寸，杝棺一，梓棺二，四者皆周。」鄭注云：「諸公三重，諸侯再重，大夫一重，士不重。」鄭注喪大記引此經并云：「此以内説而出也。然則大棺及屬用梓，椑用杝，以是差之，上公革棺不被，三重也。諸無革棺，再重也。大夫無椑，一重也。士無屬，不重也。庶人之棺四寸。」孔疏云：「四重者，水牛、兕牛皮二物爲一重也，又杝爲第二重也，又屬爲第三重也，又大棺爲第四重也。四重凡五物也。以次而差之，上公三重，則去水牛，餘兕、杝、屬、大棺也。侯伯子男再重，又去兕，餘杝、屬、大棺。大夫一重，又去杝，餘屬、大棺也。士不重，又去屬，唯單用大棺也。天子大棺厚八寸，屬六寸，椑四寸，又二皮六寸，合二尺四寸也。上公去水牛之三寸，餘兕、椑、屬、大棺，則合二尺一寸。諸侯又去兕之三寸，餘合一尺八寸也。列國上卿又除椑四寸，餘合一尺四寸也。大夫大棺六寸，屬四寸，合一尺。士則不重，但大棺六寸耳，故庶人四寸矣。」槨之制，喪大記云：「君松槨，大夫柏槨，士雜木槨。」又云：「棺槨之間，君容柷，大夫容壺，士容甒。」鄭注云：「自天子、諸侯、卿、大夫、士、庶人，六等，其槨長自六尺而下，其方自五寸而上，未聞其差所定也。抗木之厚，蓋與槨方齊。天子五重，上公四重，諸侯三重，大夫再重，士一重。」白虎通引禮記王制曰：「天子棺槨九重，衣衾百二十稱。公侯五重，衣衾九十稱。大夫有大棺三重，衣衾五十稱。士再重，無大棺，衣衾三十稱。單袷備爲一稱。」是天子棺四，抗五，合九重。上公棺三，抗四，合七重。諸侯棺重，抗三，合五重。大夫棺一重，抗再，合三重。士棺一，抗一，合再重也。檀弓引有子曰：「夫子制於中都，四寸之棺，五寸之槨，以斯知不欲速朽也。」鄭注云：「中都，魯邑名也。孔子嘗爲之宰，爲民作制。」是孔子爲民制棺槨之制也。棺槨之始，非自太古。白虎通云：「太古之時，穴居野處，衣被帶革，故死，衣之以薪，內藏不飾。中古之時，有宮室衣服，故衣之幣帛，藏以棺槨，封樹識表，體以象生。夏殷彌文，齊之以器械，至周大文，緣夫婦生時同室，死同葬之。」漢書楚元王傳載劉向上書，云：「易曰：『古之葬者，厚衣之以薪，臧之中野，不封不樹。後世聖人易之以棺槨。』棺槨之作，自黃帝始。」然云始於黃帝，經傳無徵。檀弓云：「有虞氏瓦棺。」鄭注云：「始不用薪也。」孔疏引易繫辭：「古之葬者，厚衣之以薪，葬之中野，不封不樹，喪期無數。後世聖人易之以棺槨，蓋取諸大過。」并云：「大過者，巽下兌上之卦。初六在巽體，巽爲木，上六位在已，已當巽位。巽又爲木，二木在外，以夾四陽。四陽互體爲二乾，乾爲君爲父，二木夾君父，是棺槨之象。今虞氏既造瓦棺，故云『始不用薪』。然虞氏瓦棺，則未有槨也，繫辭何以云後世聖人易之以棺槨？連言槨者，以後世聖人其文開廣，遠探殷、周。」疏云有虞氏有瓦棺，而無槨是也。白虎通云：「有虞氏瓦棺，今以木何？虞尚質，故用瓦。」檀弓又云：「夏后氏堲周。」鄭注：「火熟曰堲，燒土冶以周於棺也。或謂之土周，由是也。」白虎通云：「夏后氏益文，故易之以堲周。謂堲木相周，無膠漆之用也。」陳立注白虎通云：「蓋謂以木爲裏，無膠漆之用，故燒土冶以周之。禮記曾子問云：『下殤土周葬於園。』是也。御覽引古史攷『禹作土堲以周棺』，鹽鐵論散不足篇『古者瓦棺容尸，木板堲周，足以收形骸，藏髮齒而已』。蓋虞止用瓦棺，夏則以木爲裏，是較文也。」檀弓云：「殷人棺槨。」鄭注：「槨，大也。以木爲之，言槨大於棺也。」白虎通云：「殷人棺槨，有膠漆之用。」檀弓又云：「周人牆置翣。周人以殷人之棺槨葬長殤，以夏后氏之堲周葬中殤、下殤，以有虞氏之瓦棺葬無服之殤。」白虎通云：「周人浸文，牆置翣，加巧飾。」孔疏結經意云：「有虞氏唯有瓦棺，夏后氏瓦棺之外加堲周，殷則梓棺替瓦棺，又有木爲槨替堲周，周人棺槨，又更於槨傍置柳、置翣扇，是後王之制，以漸加文也。」蓋棺槨之制，成於三王之世也。

注云「衣，謂身衣。衾，謂單被。可以亢尸而起也」者，敦煌義疏云：「衣者衣尸之衣，衾當爲紟，紟者單被，藉尸所用也。舉者謂衣裝尸畢，用紟抗舉尸，遷内棺中。」喪大記「布紟」，孔疏引皇侃云：「紟，禪被也，取置絞束之下，擬用以舉尸也。孝經云『衣衾而舉之』是也。」皮疏云：「鄭君解衣衾之制，詳於儀禮、禮記之注。此注以『衾』爲單被，可以亢尸而起者，與注禮云『紟，今之單被』正同，是鄭君以此經所云衾即禮所云『紟』，賈疏云：『衾，是紟之類』是也。皇氏云：『紟，單被』，正用鄭義，引孝經爲證，與鄭注正合。」

皮疏云：「云『簠簋，祭器，受一斗二升，内員外方』者，周禮舍人：『凡祭祀，共簠簋。』鄭注：『方曰簠，圓曰簋，盛黍稷稻粱器。』疏曰：『「方曰簠，圓曰簋」，皆據外而言。案：孝經云「陳其簠簋」，注云「内圓外方，受斗二升」者，直據簠而言。若簋，則内方外圓。知皆受斗二升者，旅人云：「爲簋，實一觳。」豆實三而成觳，豆四升，三豆則斗二升可知。但外神用瓦簋，宗廟當用木，故易損卦云：「二簋可用享。」損卦以離、巽爲之，離爲日，日圓，巽爲木，木器圓，簋象，是用木明矣。云「盛黍稷稻粱器」者，案公食大夫：簠盛稻粱，簋盛黍稷，故鄭總云「黍稷稻粱器」也。』又『旅人爲簋，實一觳，崇尺，厚半寸，脣寸，豆實三而成觳，崇尺。』鄭注：『崇，高也。豆實四升。』疏曰：『注云「豆實四升」者，晏子辭。按易損卦象云：「二簋可用享。」四，以簋進黍稷於神也。初與二直，其四與五承上，故用二簋。四，巽爻也。巽爲木。五，離爻也，離爲日。日體圜，木器而圜，簋象也。是以知以木爲之，宗廟用之。若祭天地外神等，則用瓦簋。若然，簋法圓。舍人注云：「方曰簠，圓曰簋。」注與此合。孝經云「陳其簠簋」，注云「内圓外方」者，彼據簠而言之。』」

皮疏引此二疏并云：「賈氏兩處之疏，解鄭義甚明。云『方曰簠，圓曰簋，據外而言』，是鄭義以爲外方内圓曰簠，外圓内方曰簋矣。引孝經注云内圓外方，據簠而言，若簋則内方外圓，又引易注以證簋爲圓象，其義尤明。」論語公冶長孔子答子貢問「何器也」，云：「瑚璉也。」鄭注、包注皆云：「瑚璉，黍稷之器。夏曰瑚，殷曰璉，周曰簠簋。」然禮記明堂位云：「有虞氏之兩敦，夏后氏之四連，殷

「又案陳簠簋之六瑚，周之八簋。」鄭注：「皆黍稷器，制之異同未聞。」明堂位云夏四璉，殷六瑚，論語鄭注云夏曰瑚，殷曰璉。明堂位孔疏引皇侃云：「鄭注論語誤也。」論語皇疏云：「講者皆云是誤也，故欒肇曰未詳也。」

注云「祭不見親，故哀慼之」者，邢疏引檀弓云：「奠以素器，以生者有哀素之心也。」「又案陳簠簋在衣衾之下，哀以送之。上舊說以爲大斂祭是不見親，故哀慼也。」

注云「啼號竭情也」者，敦煌義疏云：「手撫心曰擗，足絕地曰踊，有淚有聲曰哭，有淚無聲曰泣。」檀弓：「辟踊，哀之至也。」是擗踊哭泣，爲哀之至也。孔疏云：「撫心爲辟，跳躍爲踊。孝子喪親，哀慕至懣，男踊女辟，是哀痛之至極也。」公羊宣十八年「哭君成踊」，何休注云：「踊，辟踊也。禮必踊者，如嬰兒之慕母矣。」問喪云：「三日而斂，在牀曰尸，在棺曰柩。動尸舉柩，哭踊無數。惻怛之心，痛疾之意，悲哀志懣氣盛，故袒而踊之，所以動體、安心、下氣也。婦人不宜袒，故發胸、擊心、爵踊，殷殷田田，如壞牆然，悲哀痛疾之至也。故曰：辟踊哭泣，哀以送之，送形而往，迎精而反也。」鄭注云：「故袒而踊之，言聖人制法，故使之然也。爵踊，足不絕地。辟，拊心也。哀以送之，謂葬時也。迎其精神而反，謂反哭及日中而虞也。」問喪又云：「其往送也，望望然，汲汲然，如有追而弗及也。其反哭也，皇皇然，若有求而弗得也。故其往送也如慕，其反也如疑。求而無所得之也，入門而弗見也，上堂又弗見也，入室又弗見也。亡矣喪矣，不可復見已矣，故哭泣辟踊，盡哀而止矣。」鄭注：「說反哭之義也。」皮疏引問喪之文，並云：「據問喪明引此經，則辟踊哭泣專屬送葬。鄭云

『啼號竭盡』，亦當屬送葬言。既夕禮『乃代哭如初』，鄭注：『棺柩有時將去，不忍絶聲也。』不絶聲，即啼號竭盡之義。既夕禮曰：『主人袒，乃行，踊無筭。』鄭注：『乃行，謂柩車行也。』又曰：『乃窆，主人哭，踊無筭。』哀莫哀於送死，故經云『辟踊哭泣』，屬送葬言，舉其重者也。」

注云「宅，葬地也。兆，吉兆也。得吉兆，乃葬之，故云葬事大，故卜之，慎之至也」者，敦煌義疏云：「宅者葬地，兆者以卜之吉兆。厝，置也，謂卜地得吉而安厝，置其親於中也，畏其葬地有盤石湧泉，故卜其所託之吉兆，而安厝之。」鄭注此以兆爲吉兆，與注他經不同。周禮小宗伯：「卜葬兆，甫竁，亦如之。」鄭注：「兆，墓塋域。甫，始也。」疏曰：「孝經云：『卜其宅兆』，注『兆』以爲龜兆解之。此兆爲墓塋兆者，彼此義得兩合，相兼乃具，故注各據一邊而言也。」士喪禮曰：「命曰：『哀子某，爲其父某甫筮宅。度茲幽宅兆基，無有後艱。』」鄭注：「宅，居也。度，謀也。茲，此也。基，始也。言爲其父筮葬居，今謀此以爲幽冥居兆域之始，得無後將有艱難乎？艱難，謂有非常若崩壞也。孝經曰：『卜其宅兆，而安厝之。』」疏曰：「引孝經『卜其宅兆』者，證宅爲葬居。又見上大夫以上，卜而不筮，故雜記云：『大夫卜宅與葬日』，下文云『如筮，則史練冠』，鄭注云：『謂下大夫若士也。』則卜者謂上大夫。上大夫卜，則天子諸侯亦卜可知也。但此注『兆』爲『域』，彼注『兆』爲『吉兆』，不同者，以其周禮大卜掌三兆，有玉兆、瓦兆、原兆，孝經注亦云『兆，塋域』。此文主人皆往兆南北面，兆爲塋域之處，義得兩全，故鄭注兩解，俱得合義。」孔疏以爲義得兩全，是也。

爲之宗廟，以鬼享之，葬事已畢，乃爲神室，祭則致其嚴，故鬼享之也。**春秋祭祀，**（嚴輯據北堂書鈔、御覽作「四時變易，物有成孰，將欲食之，故薦先祖，念之若生，不忘親也。」）**以時思之。**四時變易，物有成熟，將欲食之，即先薦先祖，念之若生存，不忘親也。

【疏】「爲之」至「思之」　此皆言祭事也。漢書五行志云：「聖人爲之宗廟以收魂氣，春秋祭祀，以終孝道。」

注云「葬事已畢，乃爲神室，祭則致其嚴，故鬼享之也」者，此云「神室」，即神所依之宮室也。毛詩閟宮「閟宮有侐，實實枚枚」，鄭箋云：「閟，神也。姜嫄神所依，故廟曰神宮。」孔疏云：「以其姜嫄神之所依，故廟曰神宮。凡廟皆是神宮。」禮記問喪云：「心悵焉愴焉，惚焉愾焉，心絶志悲而已矣。祭之宗廟，以鬼饗之，徼幸復反也。」鄭注：「説虞之義。」孔疏：「『祭之宗廟，以鬼享之』者，謂虞祭於殯宮神之所在，故稱宗廟。『以鬼享之』，尊而禮之，冀其魂神復反也。」皮疏云：「問喪明引此經，鄭君以爲説虞之義。孔疏以殯宮解宗廟，是古義解此文屬新喪虞祭言，鄭注禮以爲虞祭，注此經亦當專屬虞祭，非若卿大夫章之泛言也。」皮説是也。孝治章「祭則鬼享之」，鄭注：「祭則致其嚴，故鬼饗之也。」與此注同，然孝治章是泛言祭之理，此是言初祭之時。何休春秋公羊傳解詁桓公二年注言初祭之時致其嚴，以使鬼饗之義云：「所以必有廟者，緣生時有宮室也。孝子三年喪畢，思念其親，故爲之立宗廟，以鬼享之。廟之爲言貌也，思想儀貌而事之，故曰齊之日，思其居處，思其笑語，思其志意，思其所樂，思其所嗜。祭之日，入室，僾然必有見乎其位。周旋出入，肅然必有聞乎其容聲。出戶而聽，慨然必有聞乎其歎息之聲，孝子之至也。」

注云「四時變易，物有成熟，將欲食之，即先薦先祖，念之若生存，不忘親也」者，皮疏引王制：「大夫、士宗廟之祭，有田則祭，無田則薦。庶人春薦韭，夏薦麥，秋薦黍，冬薦稻。韭以卵，麥以魚，黍以豚，稻以鴈。」鄭注：「有田者既祭，又薦新。祭以首時，薦以仲月。士薦牲用特豚，大夫以上用羔。所謂『羔豚而祭，百官皆足』。庶人無常牲，取與新物相宜而已。」皮疏又博引諸説云：「繁露四祭篇云：『古者歲四祭。四祭者，因四時之所生孰，而祭其先祖父母也。故春曰祠，夏曰礿，秋曰嘗，冬曰烝。祠者，以正月始食韭也。礿者，以四月食麥也。嘗者，以七月嘗黍稷也。烝者，以十月進初稻也。此天之經也，地之義也。』祭義篇云：『春上豆實，夏上尊實，秋上杌實，冬上敦實。豆實，韭也，春之所始生也。尊實，𪏆也，夏之所受長也。杌實，黍也，秋之所先成也。敦實，稻也，冬之所畢孰也。』公羊何氏解詁曰：『祠，猶食也，猶繼嗣也。春物始生，孝子思親繼嗣而食之也。夏薦尚麥魚，始孰可汋，故曰礿。嘗者，先辭也。秋穀成者非一，黍先孰可得薦，故曰嘗也。烝，衆也。冬萬物畢成，所薦衆多，芬芳備具，故曰烝。』白虎通宗廟篇曰：『宗廟所以歲四祭何？春曰祠者，物微，故祠名之。夏曰禴者，麥孰進之。秋曰嘗者，新穀孰嘗之。冬曰烝者，烝之爲言衆也，冬之物成者衆。』文選東京賦曰：『於是春秋改節，四時迭代。蒸蒸之心，感物增思。』薛注：『感物，謂感四時之物，即春韭卵、夏麥魚、秋黍豚、冬稻雁。孝子感此新物，則思祭先祖也。』此皆鄭云『念之若生，不忘親』之義，亦可見天子至於庶人，皆有春秋四時之祭也。」

生事愛敬，死事哀戚，人情畢矣。**生民之本盡矣，**終始備矣。**死生之義備矣，**無遺介。尋繹天經地義，究竟人情也。**孝子之事親終矣。**」行乃畢矣，孝乃成矣。羅列十八章，各陳其情也。〔釋文作「行畢孝成」。〕

【疏】「生事」至「終矣」　既結此章，又結此經也。「生事愛敬」，前十七章愛敬之事也。「死事哀戚」，本章喪親哀戚之事也。劉炫述議云：「盡矣，備矣，終矣，所以爲異者，立身之本，根柢幽深，嫌於未極，故云盡矣。死生之義，旨趣彌多，恐其不具，故云備矣。孝子之事，枝流長遠，慮其未訖，故云終矣。隨其勢而爲其文，是聖人要約之旨也。」

注云「人情畢矣」者，後漢書陳忠傳云：「臣聞之，孝經始於事親，終於哀戚，上自天子，下至庶人，尊卑貴賤，其義一也。」孟子滕文公上孟子曰：「不亦善乎，親喪固所自盡也。」後漢書荀爽傳上書勸行三年喪，云：「夫喪親自盡，孝之終也。」自盡，盡其禮也。

注云「終始備矣」者，承上開宗明義章「孝之始」、「孝之終」也。

注云「無遺介。尋繹天經地義，究竟人情也」者，承上三才章「天之經，地之義，民之行也」也。

注云「行乃畢矣，孝乃成矣。羅列十八章，各陳其情也」者，論語爲政孔子答孟懿子問孝，云：「生，事之以禮。死，葬之以禮，祭之以禮。」即事親之始終也。敦煌義疏云：「死生之義，事存奉終義備，故此死生之宜，吉凶之禮，我説備矣也。」

图书在版编目（CIP）数据

孝经正义 / (汉) 郑玄注 ; 陈壁生疏. -- 上海 :
华东师范大学出版社, 2022
ISBN 978-7-5760-2447-0

Ⅰ. ①孝… Ⅱ. ①郑… ②陈… Ⅲ. ①家庭道德—中国—古代②《孝经》—注释 Ⅳ. ①B823.1

中国版本图书馆CIP数据核字(2022)第020049号

华东师范大学出版社六点分社
企划人　倪为国

孝经正义

注　　者　郑　玄
疏　　者　陈壁生
责任编辑　彭文曼
特约审读　陈宇航
责任校对　胡　冈
封面设计　吴元瑛

出版发行　华东师范大学出版社
社　　址　上海市中山北路3663号　邮编 200062
网　　址　www.ecnupress.com.cn
电　　话　021-60821666　行政传真 021-62572105
客服电话　021-62865537　门市(邮购)电话 021-62869887
地　　址　上海市中山北路3663号华东师范大学校内先锋路口
网　　店　http://hdsdcbs.tmall.com

印 刷 者　上海盛隆印务有限公司
开　　本　890 x1240　1/32
插　　页　2
印　　张　8.25
字　　数　170千字
版　　次　2022年8月 第1版
印　　次　2022年8月 第1次
书　　号　ISBN 978-7-5760-2447-0
定　　价　78.00元

出 版 人　王　焰

(如发现本版图书有印订质量问题，请寄回本社客服中心调换或电话021-62865537联系)